사랑한다면 스페인

사랑한다면 스페인

초판 1쇄 발행 2017년 6월 2일
초판 3쇄 발행 2018년 6월 20일

글 · 사진 | 최미선 · 신석교
펴낸이 | 金泳敏
펴낸곳 | 북로그컴퍼니
편집부 | 김옥자 · 서진영 · 김현영
디자인 | 김승은 · 송지애
마케팅 | 이예지 · 김은비
경영기획 | 김형곤
주소 | 서울시 마포구 월드컵북로 1길 60(서교동), 5층
전화 | 02-738-0214
팩스 | 02-738-1030
등록 | 제2010-000174호

ISBN 979-11-87292-59-3 03980

※ 이 도서의 국립중앙도서관 출판예정도서목록(CIP)은 서지정보유통지원시스템 홈페이지
(http://seoji.nl.go.kr)와 국가자료공동목록시스템(http://www.nl.go.kr/kolisnet)에서
이용하실 수 있습니다. (CIP제어번호: CIP2017011321)

Romantic Journey in Spain

뜨겁고 강렬한 첫 키스 같은 그곳

사랑한다면
스페인

최미선 글 · 신석교 사진

북로그컴퍼니

프롤로그

뜨거운 심장으로 열정을 불태우는 나라

어느 날 사진을 정리하다 보니 수년 전의 스페인 여행 사진들이 주르륵 쏟아졌다. 한 달가량은 산티아고 길을 걸었고 한 달 반가량은 스페인 도시들을 돌았던 사진들이다. 그 안에 있는 나를 보니 "나도 이땐 좀 쌩쌩했네" 하는 소리가 절로 나왔다. 근 10년 사이 내 얼굴도 많이 변했다. 이렇게 세월이 흘렀구나 싶고, 그 세월에 얼마간의 열정도 묻어 보낸 것 같아 기분이 조금은 묘했다. 사진을 찬찬히 들여다보니 그 속에 담긴 기억들이 때론 어렴풋이 때론 생생하게 돋아났다. 그저 부지런히 걷기만 했고 부지런히 구경만 했던 그 와중에도 특별히 기억나는 게 바로 그들만의 밤 문화였다. 시골에서도 도시에서도 밤이면 밤마다 광장에, 골목 바에 모여 맥주 한잔 기울이며 밤늦도록 웃고 떠들며 정을 나누던 그들의 모습이 눈에 선하다. 길에서 헤맬 때마다 어디서든 툭툭 튀어나와 도와주던 스페인 사람들도 눈에 선하다.

궁금해서 인터넷을 뒤져봤다. 역시나, 내 얼굴보다 빠르게, 몰라보게 달라지는 우리네 도시나 골목길과 달리 투우, 플라멩코, 축구, 가우디, 피카소, 돈키호테가 꿈틀대는 '태양의 나라' 스페인은 예나 지금이나 별반 달라진 게 없어 보였다. 골목마다 북적이는 밤 문화도 여전했다. 그것들을 다시 보는 나만 달라졌을 뿐이다.

특별한 날보다 평범한 날이 더 많은 삶이다 보니 불현듯 이글이글 타오르는 태양
만큼 뜨거운 심장으로 밤마다 열정을 불태우는 그들 속에 뛰어들고 싶었다. 그래
서 세 번째 '사랑한다면'은 주저 없이 스페인을 택했다. 발길 머물렀던 곳을 다시
찾는 건 과거의 나를 만나는 여행이기도 하다. 변함없는 그 풍경 속에서 그 시절
의 나를 돌이켜볼 수 있을 것 같은 설렘에 다시금 배낭을 짊어지었다.

  책을 쓰려다 보니 때아니게 스페인 공부도 해야 했다. '빛과 그림자'가 스민 굴
곡진 스페인 역사는 그야말로 파란만장하다. 기독교와 이슬람이 공존했던 복잡한
정치사와 역사, 혼란스럽게 이어지는 왕들의 결혼과 자식들의 갖가지 사연들….
머리가 터질 것 같았지만 그래도 차근차근 공부하다 보니 은근, 아니 꽤나 재미있
었다. 파리나 이탈리아의 달달함을 넘어 정열이 차고 넘치는 이 나라엔 묵직하고
깊은 맛이 배어 있다. 그동안 모르고 지나친 스페인 이야기를 하나하나 알고 보니
더더욱, 그리고 아주 천천히 스페인을 보고 싶었다.

  두근거리며 스페인 마드리드 땅에 내려선 건 새벽 6시 30분경이다. 서머타임이
적용되는 여름이었으니 실제로는 5시 30분 무렵이라 활주로 주변이 아직 어두컴
컴했다. 배낭을 찾아 메고 공항을 빠져나오니 그새 어둠을 밀어낸 새벽빛이 마드
리드를 슬며시 보여주었다.

  우리의 여행은 스페인의 수도 마드리드에 첫발을 들여 (스페인이 아닌?) '카탈루
냐의 수도' 바르셀로나를 마지막으로 하는 여정이었지만, 이야기는 바르셀로나부
터 시작한다. 흔히 스페인 여행에서 첫손으로 꼽는 곳이기도 하거니와, 바르셀로나
를 둘러싼 역사와 현실을 알게 되면 스페인이 기본적으로 어떤 사연을 품고 있는
나라인지, 얼마나 매력적이고 특별한 곳인지를 단번에 느낄 수 있기 때문이다.

Contents
차례

역사와 예술이 만나는 도시
마드리드

여행 막바지에 살바도르 달리를 떠올리다
전 세계가 주목한 별난 예술가 커플
'달리스러운' 그곳, 달리네 해변 별장
인정! 살바도르 달리여~ 당신은 괴짜 천재 맞소이다!

영화 같은
시간이 흐르는

바르셀로나

Barcelona.

가슴이 두근거리는
스페인 관광 1번지

"뭔가 특별한 일이 일어날 것만 같아."

어느 여름날, 발랄한 미국 아가씨가 태양빛 가득한 바르셀로나에 들어서면서 했던 말이다. 그 옆의 단짝 친구도 낯선 이국땅에서 설레긴 마찬가지. 잠시 머물다 가는 여행지에서 은근한 일탈을 기대하는 그녀들 앞에 기대를 저버리지 않고 바람둥이 기질이 다분한 매력남이 나타난다. 자유분방한 남자는 끈적끈적한 눈빛으로 '셋이 함께 사랑을 나누자'며 대놓고 들이댄다. 욕망에 솔직한 여인은 호기심이 발동해 대담하게 '오케이~' 하지만 욕망을 숨기는 단짝 친구는 빈정거림이 묻어나는 목소리로 '그렇게 쉬운 여자 아님'을 표출한다.

하지만 웬걸? 얌전한 고양이 부뚜막에 먼저 올라간다고, 배탈 난 친구 몰래 뜨거운 밤을 먼저 보낸 건 내숭 떨던 여인이다. 그랬던 여인은 기운 차린 친구가 자신과 뜨거운 밤을 보낸 남자와 동거에 들어가니 결혼을 코앞에 둔 '내 남자'가 있음에도 묘한 질투를 느낀다. 여기까지는 흔한 삼각관계지만 동거에 들어간 그들에게 남자의 전처가 등장하면서 요상한 상황이 벌어진다. 오는 여자 안 막는 남자를 두고 신경전을 벌이던 두 여인이 서로

에게 홀린 듯, 야릇한 감정으로 사랑에 빠진다.

한 지붕 아래 이성애와 동성애가 뒤섞이는 기묘한 동거…. 현실이 아니라 우디 앨런 감독의 영화 이야기다. 국내에선 〈내 남자의 아내도 좋아〉라는 제목으로 상영됐지만 원제는 〈비키, 크리스티나, 바르셀로나〉다. 뭔가 야릇한 '제목 장사'로 한몫 보려 했겠지만 내숭쟁이 비키와 천방지축 크리스티나가 바르셀로나 여행에서 겪는 이야기는 그리 야한 영화가 아니다. 꼬일 대로 꼬인 '사각관계'가 자연스레 풀리며 일상으로 돌아가는 쿨한 결말이다. 하지만 그 안에는 누구나 당연시하는 일부일처제 결혼에 내재된 금지된 욕망을 예리하게 풀어놓았다.

죽을 때까지 한 남자와 한 여자만을, 그것도 열렬히 사랑할 수 있는 사람들은 일부일처제 사회에서 정말로 축복받은 사람들이다. 하지만 사람 맘이 어디 그런가. '검은 머리 파뿌리 될 때까지' 너만을 사랑하겠노라 맹세했던 그 사랑도 살다 보면 가끔 흔들린다. 나도 예외는 아니다. 그래서일까? 요상하게 얽히고설킨 영화 속 사랑이 묘하게 이해가 된다.

파리의 풍경을 아름답게 드러낸 영화 〈미드나잇 인 파리〉가 그랬듯이 우디 앨런 감독은 〈비키, 크리스티나, 바르셀로나〉에서도 이러저러한 사랑으로 기억되는 바르셀로나를 구석구석 꼼꼼하게 보여주었다. 비키와 크리스티나는 사라졌지만 그들에게 짜릿한 일탈을 안겨준 사랑과 낭만의 도시 바르셀로나는 여전히 낯선 여행자를 유혹한다. 그러니 '바르셀로나'를 쏙 빠트린 〈내 남자의 아내도 좋아〉는 다시 생각해도 참 어이없는 제목이다.

바르셀로나는
스페인이 아니다?

바르셀로나에는 스페인 사람이 없다. 그저 카탈루냐 사람만 산다. 노랑 빨강 줄무늬인 카탈루냐 깃발은 바르셀로나 거리 곳곳에, 가정집 발코니에 수없이 걸려 있다. 대성당 옆 산 자우메 광장에 마주한 카탈루냐 자치정부청사와 바르셀로나 시청사 꼭대기에도 '카탈루냐 국기'가 펄럭인다. 우리도 지방색이 강하지만 스페인은 더 만만찮다. 특히 바르셀로나를 중심으로 한 카탈루냐 지방과 마드리드를 중심으로 한 카스티야 지방은 서로 으르렁대는 견원지간이다. 바르셀로나 시민들은 아예 '우리는 스페인 사람이 아니다'라고 한다. 그러니 멋모르는 여행자가 그들에게 행여 '스페인 사람'이라 하는 건 극도의 실례다.

여기엔 뿌리 깊은 역사가 깃들어 있다. 애초 이베리아 반도는 지금의 스페인과 달리 언어도 문화도 다른 민족들이 각각 독립된 왕국으로 살아왔던 땅이다. 그중 카탈루냐는 중세 지중해 무역으로 번성한 부자 나라였다. 하지만 이사벨 여왕과 페르난도 왕의 결혼으로 세력을 키운 스페인의 속국이 됐고, 1714년엔 아예 스페인에 흡수됐다. 자존심 강한 카탈루냐 사람들은 여러 차례 독립운동을 시도했지만 번번이 실패했다. 그나마 1930년대 중반 노동자 · 농민 · 지식인 들이 이끈 인민전선이 총선에서 승리하면서 겨우 자치권을 찾았지만, 프랑코가 개입한 스페인 내전 이후 무산됐다.

프랑코 군부 독재에 맞서 마지막까지 격렬하게 저항한 바르셀로나는 자치권 박탈뿐만 아니라 자신들의 언어조차 빼앗겼다. 학교에서 몰래 카탈루

나어를 가르치던 선생과 학생들이 죽음에 이른 일도 있었다. 그렇게 36년간 숨죽여 살던 카탈루냐 사람들은 1975년 프랑코가 죽은 이후 다시금 자치권을 인정받고 금지된 언어도 되찾았지만 이들이 진정 원하는 건 자치를 넘어 완전한 독립이다. 이를테면 부산이 대한민국에서 독립하는 격이다.

그들의 독립 염원은 2008년 세계 금융 위기 여파로 스페인 경제가 위축되면서 더더욱 강해졌다. 인구 750만 명에 달하는 카탈루냐는 스페인에서 가장 부유한 지역이다. 자신들이 애써 벌어 중앙정부에 낸 세금이 타 지역을 먹여 살리는 데 쓰이는 바람에 정작 카탈루냐는 부채에 시달린다는 불만의 목소리가 높아진 때문이다. 이로 인해 2014년 중앙정부의 반대를 무릅쓰고 실시한 분리 독립 주민투표에서 80퍼센트의 찬성표를 얻었지만 스페인 헌법재판소가 '스페인 안에 또 하나의 국가는 없다'며 위헌 결정을 내려 무산시켰다. 그래도 이곳에선 지금도 분리 독립을 위한 시위가 끊이질 않는다. 그들의 불편한 동거, 아님 속 시원한 이혼. 어느 쪽으로 마무리될 것인지 살짝 궁금하긴 하다.

스페인 공식 언어는 마드리드를 중심으로 한 카스티야어다. 하지만 이곳에선 스페인어를 거부하고 학교든 방송이든 카탈루냐어만 사용한다. 스페인어를 모르는 나로서는 공식 스페인어와 카탈루냐어가 얼마나 다른지 알 수 없지만, 어찌 됐건 바르셀로나 아이들은 스페인 국적을 가졌음에도 스페인어를 외국어로 배우는 요상한 상황이다. 그러니 여행자 입장에서 마드리드와 바르셀로나 여행은 두 나라를 방문하는 셈이다.

스페인 내전은 끝났지만 아직도 끝나지 않은 건 '축구전쟁'이다. 스페인 사람들의 축구 사랑은 유별나다. 그리고 축구를 두고 생겨난 두 지방의 감정의 골은 상상을 초월한다. 바르셀로나를 대표하는 'FC 바르셀로나'와 마드리드 대표 '레알 마드리드' 경기는 한 나라의 프로 축구팀 대결이 아닌 카탈루냐와 스페인의 맞대결이란 의미가 들어 있다. 자존심 대결인 한·일전을 방불케 하듯 두 팀의 경기가 있는 날이면 마드리드와 바르셀로나 전체가 들썩인다. 바르셀로나에서 마드리드 유니폼 입는 건 금물이요, 마드리드 쪽도 사정은 마찬가지다. 심지어 2002년 한·일 월드컵 당시 8강전에서 한국이 승부차기 끝에 스페인을 이겼을 때 카탈루냐 사람들은 환호성을 내질렀다는 이야기도 있다.

안 그래도 앙숙인 사람들에게 축구가 경기가 아닌 전쟁이 된 건 역시나 프랑코 군부 독재 때문이다. 1902년에 시작된 마드리드 축구팀의 애초 명

칭은 '마드리드 FC'다. 평범했던 축구팀은 1920년, 국왕 알폰소 13세가 후
원하면서 왕립이란 의미인 '레알Real'을 붙여 '레알 마드리드'로 업그레이
드됐다. 하지만 그 왕의 무능으로 1930년 초반 왕정이 폐지되고 공화국이
탄생하는 바람에 '레알'을 떼고 원래 이름으로 돌아갔다. 그런데… 자신이
새로운 왕이란 의미였을까. 내전의 승리자로 독재를 휘둘렀던 프랑코는 그
이름을 다시 '레알 마드리드'로 바꾸고 아낌없는 후원으로 축구 열풍을 일
으켜 국민들의 관심을 돌렸다.

　반면 'FC 바르셀로나'는 바르셀로나 시민들이 구단주다. 때문에 자신들
의 축구팀에 대한 자긍심이 남다르다. 그렇듯 축구를 사랑하는 시민들의
후원을 바탕으로 1899년 창단된 'FC 바르셀로나'는 프랑코에 의해 내내 수
난을 겪었다. 'FC 바르셀로나' 회장은 내전 중에 프랑코 군인들에 의해 살
해됐고 내전 후엔 구단 이름도 'CF 바르셀로나'로 강제로 바뀌었다. 그것도
모자라 프랑코의 노골적인 협박으로 1970년대 중반까지 스페인 축구판은
레알 마드리드의 독무대요 그들만의 전성기였다.

　VIP석에 앉아 경기를 관람하던 프랑코가 승리를 만끽하는 관중들에게
덩달아 환호받는 모습을 지켜보며 속이 뒤집어졌을 바르셀로나 사람들에
게 '레알 마드리드'는 곧 '독재자 팀'일 뿐이다. 'FC 바르셀로나'가 제 이름
을 되찾은 건 그 프랑코가 죽고 나서다. 협박이 사라진 후 바르셀로나는 전
세를 뒤집어 연일 승승장구하며 1990년대 스페인 축구를 평정했다.

　프로 선수는 명예도 중요하지만 돈에 따라 움직이는 게 당연한 이치다.
하지만 'FC 바르셀로나'나 '레알 마드리드'에서 뛰던 선수는 상대팀으로는
옮기지 않는 게 일종의 불문율이다. 바르셀로나에서 세계적인 스타가 된

포르투갈 출신의 루이스 피구가 그것을 깨고 레알 마드리드로 옮겨가 경기를 치렀을 때 그는 분노가 극에 달한 바르셀로나 팬들로부터 오물은 물론 돼지머리 세례까지 받았단다.

　지금도 아르헨티나 출신의 리오넬 메시를 앞세운 'FC 바르셀로나'와 포르투갈 출신의 크리스티아누 호날두를 앞세운 '레알 마드리드'의 용호상박 경기는 여전히 전쟁 치르듯 치열하게 펼쳐진다. 그런가 하면 프랑코에 맞서 마지막까지 처절하게 싸우던 카멜 벙커는 바르셀로나 청춘들이 모이는 한밤의 핫 플레이스로 변신했다. 구엘 공원 인근에 있는 이 언덕은 해 질 무렵이면 저마다 맥주를 들고 삼삼오오 올라와 수다를 떠는 청춘들과 사랑을 속삭이는 커플들로 가득하다. 청춘들의 그 은밀한 명소에서 나 역시 맥주를 홀짝홀짝 마시며 노을 끝에 반짝이는 바르셀로나의 야경을 꽤 오래 감상했다.

천재인지 바보인지 헷갈리던
바르셀로나 괴짜 건축가

　　　　바르셀로나는 스페인 제2의 도시지만 관광으로는 첫손에 꼽는 도시다. 지중해 물결이 넘실대는 이 도시는 과거의 흔적을 품은 구시가와 세련된 신시가가 사이좋게 맞물려 있다. 산업혁명 이후 급격히 팽창된 바르셀로나는 무분별한 개발을 막기 위한 방안을 고안했다. 바둑판 모양으로 착착 가른 블록마다 중앙에 조성된 정원을 중심으로 네모난 도넛 형태로 여러 건물을 가지런히 이어붙인 건 무분별한 재건축을 막기 위해서다. 때문에 신시가라 해도 100년은 족히 넘어 보이는 옛 건물들이 수두룩하다. 따로 또 같이 자리한 건물들 형태도 다양해 바르셀로나는 일명 '건축의 도시'로 불리기도 한다. 이러한 바르셀로나에서 '20세기의 미켈란젤로'라 일컫는 건축가 가우디를 빼놓을 순 없다.

"여러분, 제가 이 졸업장을 천재에게 주는 건지, 바보에게 주는 건지 잘 모르겠습니다. 그 답은 시간이 말해줄 겁니다."

1878년, 바르셀로나 건축학교 졸업식에서 교장이 한 학생에게 졸업장을 내주며 했던 말이다. 그로부터 100여 년 후, 시간은 천재인지 바보인지 헷갈리던 학생에게 천재라는 손을 들어줬다. 그 학생이 바로 유네스코가 인정한 단 한 명의 건축가, 안토니오 가우디. 유네스코 세계문화유산은 특정 건축물이나 구역을 지정하는 게 일반적이지만 무려 7개나 되는 가우디 건축물은 건물명도 구역명도 아닌 '안토니오 가우디의 건축'이란 명칭으로 세계문화유산에 등재됐다. 그 이면에는 뼛속 깊이 스며든 장인의 피가 있었다.

1852년생인 가우디의 아버지는 대장장이다. 증조할아버지로부터 내려온 가업이다. 바르셀로나 인근 시골에서 태어난 가우디는 불행히도 평생 류머티즘 관절염을 달고 살았다. 때문에 어린 가우디는 학교도 아버지 등에 업혀 가야 했고 그나마 등교하지 못하는 날도 허다했다. 집에서 혼자 지내는 시간이 많았던 아이에게 아버지 대장간은 흥미로운 놀이터였다. 거센 불과 씨름하며 쇳덩이를 매끄러운 솥으로 만들어내는 아버지의 작업은 눈썰미 좋은 아이에게 고스란히 이어졌다. 딱히 배운 것도 아니건만 가우디가 훗날 철을 자유자재로 주무르던 솜씨는 그 스스로가 밝혔듯 "대장장이 아들이자 손자이기 때문"이다.

그런 기술력에 상상력을 더해 건축을 예술로 거듭나게 한, 가우디의 최고 스승님은 바로 고향의 자연이었다. 친구들처럼 뛰어놀지 못했던 그는 푸른빛 지중해와 햇살, 산과 들의 나무와 풀꽃들을 유심히 관찰하며 상상력의 보물창고에 하나하나 쟁여두었다. 그래서일까. 가우디는 "자연은 항상 펼쳐져 있는 책이며 우리가 읽어야 할 책"이란 말을 입에 달고 살았다.

아무리 열심히 몸을 놀려도 가난을 면치 못했던 아버지는 아들이 자신처럼 대장장이 인생을 보내는 걸 원치 않았다. 그런 아버지 뜻에 따라 가우디는 형이 있는 바르셀로나로 유학길에 올랐다. 명문 건축학교에 입학하긴 했지만 졸업은 쉽지 않았다. 틀에 박힌 교육이 고문처럼 느껴진 그는 수업을 빼먹기 일쑤였고, 그나마 수업에 들어가도 관절염 때문에 진득하니 앉아 있질 못해 교수들 눈엔 산만하기 짝이 없는 학생이었다.

게다가 어려운 가정 형편으로 알바를 병행해야 했던 그는 늘 시간에 쫓기는 피곤한 나날을 보냈다. 그래도 형이 있어 든든했건만 곁에서 항상 힘이 되어주던 그 형이 갑작스레 세상을 떠난 것도 모자라 같은 해 어머니마저 떠났다. 가우디 삶에 가장 큰 충격이었을 두 사람의 죽음을 극복하는 길은 오로지 작업에 몰두하는 것뿐이었다. 아버지의 대장간이 그랬듯 철공소나 목공소 장인들의 작업장은 교실보다 좋은 산 교육현장이었다. 하지만 졸업을 앞둔 그는 유일한 낙제생이 되고 만다. 다른 학생들과 달리 교수의 입맛을 맞추지 않은 튀는 과제물들 때문이다. 다행히 그를 인정했던 교수의 중재로 재심 끝에 간신히 졸업할 수 있었다. 그런 이유로 졸업식장에서

교장이 '천재에게 주는 건지 바보에게 주는 건지 모르겠다'고 비꼰 것이다.

졸업 직후 가우디는 파리 만국박람회에 전시될 장갑 진열장 제작 의뢰를 받는다. 한 달여 만에 뚝딱 만들어낸 이 진열장이 세계적인 건축가가 되는 지름길을 터줄 줄은 누구도 예상치 못했다. 박람회장에서 그의 진열장은 누군가에게 주인공인 장갑보다 더 눈길을 끌었다. 그 누군가는 바로 당시 바르셀로나를 주름잡던 사업가요, 막대한 재력가인 구엘 백작이다. 즉시 가우디를 찾아간 그는 자신의 장인을 위한 가구 제작을 의뢰했다. 역시나 가우디의 작품이 마음에 쏙 들었던 남자는 아예 자신의 집과 별장, 공장, 공원까지 몽땅 믿고 맡겼다. 그것도 공사비 걱정 말고 알아서 마음껏 하라니 풋내기 가우디로선 그야말로 로또 맞은 격이다.

빵빵한 지원 덕에 역량을 마음껏 발휘해 멋진 구엘 저택을 완성한 가우디는 다른 부자들의 저택까지 짓게 된다. 하지만 잘나가면 누군가의 시기가 따르듯 가우디도 예외는 아니었다. '직선은 인간의 선, 곡선은 신의 선'이라 여겼던 그는 기존의 각진 건물과 달리 모든 것이 구불대는 집을 지어냈다. 마치 생명체가 꿈틀거리듯 세상 어디에도 없던 독특한 집들이다. 이를 두고 어떤 이는 그저 독특하게만 보이려는 천박한 시도라 비웃었고 피카소는 '부자들 비위나 맞추는 영혼 없는 건축가'라고 비아냥댔다. 또한 사그라다 파밀리아 성당은 훗날《동물농장》으로 이름을 날린 영국 소설가 조지 오웰로부터 '세상에서 가장 흉물스러운 건축물'이란 조롱까지 받았다.

사그라다 파밀리아는 가우디가 생애 마지막 열정을 바친 걸작이다. 서른한 살에 성당 건축을 맡게 된 가우디는 죽을 때까지 이 성당에 매달렸다. 하지만 그의 말년은 너무나 쓸쓸했다. 사랑 한 번 못해보고 평생 독신으로

살던 가우디의 유일한 혈육은 조카뿐이었다. 하지만 아들처럼 여기던 조카
마저 세상을 떠나자 마지막 10여 년은 돈 되는 부자들의 집을 마다하고 거
처를 아예 공사장으로 옮겨 성당 작업에만 몰두했다.

  속세에 미련을 버린 그의 일상은 지극히 단순했다. 다람쥐 쳇바퀴 돌듯
'기상, 아침 묵상, 작업, 오후 산책, 고해성사, 취침'이 매일 똑같이 반복되었
다. 고질병이던 관절염 때문에 나서는 산책 시간도, 코스도 늘 똑같았다. 하
지만 건강을 챙기기 위해 나선 그 산책이 죽음을 초래할 줄 누가 알았으랴.
고독한 천재 건축가의 죽음은 너무나도 허무했다.

  1926년 6월 7일, 여느 때처럼 오후 5시 반경 성당을 나선 가우디는 늘 건
너던 길목 한복판에 끼여 양쪽에서 마주 오는 전차를 미처 피하지 못해 사
고를 당하고 만다. 덥수룩한 수염에 노숙자처럼 초라한 행색의 노인이 피
범벅이 되어 쓰러졌을 때 아무도 그가 그 유명한 가우디인 줄 몰랐다. 전차
운전자가 택시들을 불러 세웠지만 하나같이 승차 거부. 두 시간여 만에 겨
우 인근 병원에 도착했지만 진료 거부로 옮기고 또 옮긴 끝에 빈민병원에
누웠고, 그곳에서도 제대로 된 치료를 받지 못했다.

  한편, 돌아올 시간이 훨씬 지났건만 오지 않는 가우디를 두고 불길한 예
감이 든 성당 사람들은 병원을 전전한 끝에 자정이 다 되어서야 가우디를
마주했다. 너무나 오래 방치되었기에 살아날 가망이 희박한 일흔넷 노인은
자신의 전 재산을 성당에 기부하고 장례식은 최대한 검소하게 치를 것을
당부하며 3일 만에 눈을 감았다. 당사자는 소박한 장례를 원했지만 바르셀
로나 시민은 그를 마지막까지 초라하게 보낼 순 없다며 지극히 성대한 장
례식을 치러주었다.

'부자들 비위나 맞추는 사람'이란 비난을 받았던 가우디는 사실 가난한 노동자 자녀들을 위해 학교를 짓고 손수 선생 노릇까지 했던 따뜻한 사람이었다. 생전에 신의 곡선을 추구했던 가우디는 결국 그렇게 '건축의 신'이 되어 자신이 마지막 혼을 불태운 성당 지하에 영원히 잠들어 있다.

가우디를 졸졸 따라가는
바르셀로나 여행길

바르셀로나 여행은 일면 가우디와 함께하는 여행길이다. 사그라다 파밀리아, 구엘 공원, 카사 밀라, 카사 바트요…. 이 모든 게 바르셀로나에 가면 필수적으로 봐야 하는 아이템이니, 바르셀로나에 가서 그의 작품을 보는 것이 아니라 그의 작품을 보기 위해 바르셀로나에 간다 해도 과언이 아니다. 아닌 게 아니라 아무리 건축에 문외한이라도 그의 건축물 앞에선 자연스레 발길이 멈추게 된다. 때문에 바르셀로나를 '가우디가 먹여 살리는 도시'라고도 한다.

그렇게 따지자면 '바르셀로나의 메디치 가문'이라 불리던 구엘 백작이 좀 서운할 법도 하다. 그야말로 거대한 금수저를 물고 태어난 백작의 아낌없는 후원이 없었다면 어쩌면 가우디의 재능도 빛을 보지 못한 채 묻혔을지 모른다. 장갑 진열장이 맺어준 인연은 백작이 생을 마감하는 1918년까지 40년간 건축가와 고객 사이를 넘어 '인생 친구'로 함께했다. 그 안에서 가우디의 재능과 구엘 백작 돈의 찰떡궁합이 지금의 바르셀로나를 만든 밑거름이 되었으니 말이다.

어쨌거나 가우디의 손길이 스민 건축물은 하나같이 독특하고 요상하긴 하다. 평생의 은인이던 구엘 백작의 저택에는 당시로선 획기적인 지하주차장이 숨어 있다. 섬세하게 장식된 두 개의 거대한 아치형 철문 중 하나가 마차가 드나들던 곳이다. 하지만 이 은밀한 지하주차장이 스페인 내전 당시 고문실로 사용될 줄이야 가우디도 구엘 백작도 몰랐을 터다.

그런가 하면 그라시아 거리를 사이에 두고 살짝 비껴 마주한 '카사 바트 요'와 '카사 밀라'는 독특함을 넘어 요상한 건물들이다. 당시 개발 열풍이 한창이던 이 거리는 부자들의 자존심 경쟁터였다. 그들은 너도나도 유명 건축가를 물색해 '내가 가장 멋진 집 소유자'임을 과시하고자 했기에 이곳 에 발을 들이지 못한 건축가는 어디 가서 명함도 못 내밀 정도였다. 바르셀 로나 섬유업계를 주름잡던 조셉 바트요 또한 그 부류다. 멋진 걸 넘어 뭔가 특별한 집을 원했던 그에겐 가우디가 딱이었다.

130년 된 늙은 건물은 별난 가우디에 의해 생생하게 살아났다. 툭툭 튀어 나온 발코니는 해골 같고, 돌출된 창문들은 정강이뼈 같은 기둥이 곳곳에 서 받치고 있고, 부드럽게 휘어지는 실내 계단은 영락없는 척추 모양새다. 워낙 낡은 건물이었기에 곳곳에 뼈를 심어 튼튼함까지 상징한 바트요 씨의 집을 두고 사람들은 일명 '뼈다귀 집'이라 부른다. 그럼에도 바다를 상징하 는 푸르름으로 화사하게 처리한 덕에 음산한 기운은커녕 볼수록 웃음이 나 는 집이다.

바트요 씨 집의 오묘한 매력에 끌린 또 다른 부자도 이에 질세라 가우디 에게 집을 맡긴다. 페드로 밀라 부부가 의뢰한 카사 밀라는 요즘으로 치면

최고급 빌라다. 가우디의 기발함이 가장 돋보이는 건물이다. 단단한 돌집을 찰흙 주무르듯 부드럽게 우그러트린 건물은 앞에서 보면 일렁이는 파도 같고, 옆에서 보면 암벽을 섬세하게 깎아 놓은 듯하다. 동글동글 구불구불한 실내 통로는 마치 동굴탐험을 하는 듯한 기분도 안겨준다. 집을 지은 당시에는 이처럼 제멋대로 뒤틀린 건물을 두고 감탄하는 이들도 있었지만 '채석장'이니 '벌집'이니 하는 조롱 섞인 비난도 난무했다. 심지어 "엄마, 여기 지진 났어요?"라고 묻는 아이 모습을 담은 풍자만화도 나왔다. 하긴 지금도 기괴한데 100년 전 사람들 눈에 오죽했으랴. 사방에서 요동치는 건물은 언뜻 지진에 흔들리는 듯 보이지만 지금도 건재하다.

　6층 건물인 카사 밀라는 현재 꼭대기 3개 층만 개방된다. 그 밑으론 지금도 사람들이 살고 있다. '집은 가족이 사는 작은 나라'라고 했던 가우디가 지은 집에는 포근함이 스며 있다. 6층 건물 가운데를 둥글게 파내 돌집도 숨을 쉬고 그늘지기 쉬운 아래층 사람들에게도 빛을 넉넉하게 뿌려준다. 그런 카사 밀라의 명물은 뭐니 뭐니 해도 옥상이다. '세상에서 가장 아름다운 옥상'이란 별명을 지닌 지붕 위엔 투구를 뒤집어쓴 병정들이 삼삼오오 모여 있다. 수호신을 형상화한 그들은 자신들의 보금자리가 상하지 않을까 곳곳에서 감시의 눈길을 보내지만 알고 보면 굴뚝과 환기구다. 영화 〈스타워즈〉의 악역 '다스 베이더'는 이 굴뚝에서 영감을 받아 탄생된 캐릭터다.

　가우디는 이 건물을 마지막으로 부자들의 집짓기에서 영원히 손을 뗐다. 신앙심 깊은 가우디는 마지막으로 이 옥상에 성모마리아상을 설치하려 했지만 무산되고 말았다. 당시 악덕 기업주의 횡포와 타락한 교회에 반발하는 노동자들의 움직임이 거셌기에 행여 불똥이 튈까 염려한 주인이 단호하

게 거부했기 때문이다. 그로 인해 마지막 작업을 중단한 가우디는 밀라 부인과 공사비를 두고 법정 공방에 들어갔고, 지루한 재판 끝에 7년 만에 공사비를 받아낸 가우디는 그 돈을 모두 사그라다 파밀리아에 헌납하면서 성당 공사에 몰입했다.

바르셀로나는 공원도 남다르다. 특히나 언덕 위의 구엘 공원은 마치 동화 속에 뛰어든 느낌을 안겨준다. 이 또한 가우디 덕분이다. 아니, 가우디와 구엘 백작의 합작품이다. 구엘 백작은 바르셀로나와 지중해가 한눈에 보이는 이 언덕에 부자들을 위한 전원주택을 짓고자 했다. 그러나 해발 150미터 언덕은 비탈이 심하고 돌도 많아 주택부지 조성 작업이 쉽지 않았다. 산자락을 푹푹 파내면 간단하련만 가우디는 자연을 건드리지 않았다. 자연에 순응한 보행로는 오르락내리락하는 것도 모자라 나무들을 피해 이리저리 구불대야만 했다. 비스듬한 산비탈을 받친 수많은 기둥도 야자수를 닮은 모습으로 자연과 한 몸이 되었다.

공원의 모든 장식에는 가우디의 상징이기도 한 '트렌카디스_{타일 조각 모자이크}' 기법이 적용됐다. 가우디는 인부들의 출퇴근길에 깨진 타일을 주워 오게도 했고, 행여나 깨질까 조심스레 모셔 온 비싼 베네치아 타일도 받자마자 깨뜨려 배달꾼들을 황당하게 했다. 작업도 지나칠 만큼 꼼꼼했다. 아기 손바닥만 한 타일 붙일 자리를 인부들에게 일일이 지정한 가우디는 하루 종일 공사한 작업이 마음에 안 들면 죄다 뜯어버리고 다시 시작했다. 그런 일을 수차례 반복할 수 있었던 건 공사비 걱정 말라는 든든한 물주 덕이었지만 인부들은 좀 괴로웠을 터다.

그렇듯 더디게 진행되던 공사가 1914년에 멈췄다. 뜻대로 분양이 안 된 데다 제1차 세계대전이 터지면서 자금난이 겹친 탓이다. 게다가 4년 뒤 구엘 백작이 세상을 뜨면서 가우디가 14년 동안 매달린 전원주택 단지는 두 채의 저택과 경비실, 관리실, 중앙공원만 남긴 채 미완성 작품으로 방치되다 바르셀로나시에서 사들여 1922년 공원으로 재탄생됐다.

구엘 공원은 지상에서 가장 독특한 공원으로, 입구부터 예사롭지 않다. 본디 전원주택 단지의 관리실과 경비실은 '헨젤과 그레텔' 동화에 나오는 과자 집과 닮았다 하여 일명 '과자 집'이라 부른다. 그 앞에 마주한 계단에 앉은, 구엘 공원의 마스코트 격인 도마뱀 분수에선 기념촬영을 위한 여행객들의 눈치싸움이 치열하다. 다음 차례를 기다리는 이들이 사방에서 달려들어 굼뜬 사람은 번번이 뒤로 밀리기 일쑤고 독사진이라 여긴 화면 속엔 누군가가 꼽사리 끼기 십상이다.

그 계단 꼭대기에 있는, 수십 개의 기둥이 천장을 받친 아늑한 홀은 원

래 장터로 활용하려던 공간이다. 사발과 접시를 뒤집어놓은 것 같은 화려한 천장 위가 타일 벤치로 유명한 중앙 광장이다. 둥근 마당을 감싸며 구불구불 이어지는 가우디 벤치는 세상에서 가장 긴 벤치지만 빈자리 찾기가 쉽진 않다. 벤치라기보다 거대한 아나콘다가 구불구불 기어가는 형상이다. 가우디가 인부들을 수시로 앉혀가며 엉덩이와 허리선을 고려한 설계 덕에 모양만 독특한 게 아니라 편안하기까지 하다. 이곳에선 눕거나 벤치에 발을 딛고 서면 경비원이 제지한다. 경비원의 제지가 아니라도 가우디에 대한, 다른 이들에 대한 예의가 아니지 싶다.

공원 안에는 가우디가 살았던 집도 있다. 자식을 위해 모든 걸 희생했던 아버지에 이어 조카마저 세상을 뜬 후 가우디는 '성 가족 성당'이란 의미인 사그라다 파밀리아로 둥지를 옮겼다. 그가 살던 집은 지금 그의 삶의 흔적을 보여주는 박물관으로 변신했다. 구엘 백작의 야심이 실현됐다면 오늘날 이곳은 아마도 경비원을 둔 고급 주택단지가 되어 일반인들은 근처에 얼씬도 못했을 거다.

사그라다 파밀리아는 한 출판업자의 생각에서 비롯됐다. 당시 산업혁명이 낳은 물질만능주의, 그것이 초래한 향락과 격심한 빈부격차가 낳은 사회적 갈등…. 그 모든 것을 속죄하는 의미에서 그가 제안한 시민들의 자발적 기부금으로 1882년 첫 삽을 뜬 게 지금의 사그라다 파밀리아다. 그 취지를 받들어 애초엔 건축계의 거장 비야르가 '재능 기부'로 참여했지만 돈이 빠듯한 성당 교구가 '무조건 싸게~ 싸게~'만 지으려는 행태에 환멸을 느껴 작업을 포기했다.

이듬해 그 뒤를 이은 가우디는 상대적으로 신참인지라, 교구는 자신들의 요구가 먹힐 거라 기대했지만 천만의 말씀. 하늘 같은 성당을 짓는데 싸게 싸게, 대충대충 넘어갈 가우디가 아니다. 꼼꼼남 가우디는 비야르가 손댄 작업을 폐기해 기존에 들어간 돈마저 날려버려 그들을 뜨악하게 만들었다. 기부금이 모자라면 공사도 종종 중단됐지만 "신은 서두르지 않는다"고 말하던 가우디는 그 시간에 설계도를 검토하고 또 검토하며 느리지만 정성스럽게 건물을 쌓아올렸다.

예수, 마리아, 요셉을 의미하는 '성 가족 성당'은 예수의 탄생, 수난, 영광을 의미하는 세 개의 파사드_{출입구가 있는 건물 정면}가 기본 뼈대다. 성경 구절들을 밑바탕으로 했기에 '돌로 만든 성서'라고도 불린다. 가우디가 생전에 완성한 건 지하 예배당과 탄생의 파사드로, 그 안엔 예수의 탄생과 유년시절이 담겨 있다. 빈틈을 허용하지 않고 빼곡하게 들어찬 조각품은 사람이든 동물이든 식물이든 모든 것이 살아 꿈틀대는 것처럼 생생하다. 각각의 파사드 위엔 4개씩 총 12개의 탑이 들어선다. 이는 곧 예수의 열두 제자를 의미한다. 이미 완성되어 하늘 높이 솟구친 첨탑들은 옥수수 모양새다. 너무나 잘 익은 옥수수였던가? 누군가 톡 쳐서 알갱이가 우수수 빠진 것처럼 구멍 하나하나가 섬세하다. 이것들이 어찌 누군가의 눈엔 '먹다 버린 옥수수'요, 조지 오웰의 눈엔 '세상에서 가장 흉물스런 건축물'로 보였을까나.

웅장한 외관은 보는 이를 다소 주눅 들게 하지만 성당 안에선 숲을 보게 된다. 평소 "인간은 창조하지 않는다. 단지 발견할 뿐이다"라고 했던 가우디는 이 안에 자신이 발견한 자연을 들였다. 수백 년 된 거목들이 들어선 듯 묵직하고 굵은 기둥은 위로 올라갈수록 갈래갈래 가지를 뻗어 꽃이 된 높은 천장을 안정감 있게 받치고 있다. 스테인드글라스를 통해 실내로 파

고든 오색찬란한 빛줄기는 나뭇가지를 어루만지며 하루하루 키워주는 느낌이다.

가우디가 못다 세운 성당은 130여 년이 지난 지금도 여전히 공사 중이다. 애써 찾아간 곳이 보수공사 중이면 속상할 만도 하지만 가우디 정신을 이어 여전히 작품 활동을 하는 곳이니 이곳만큼은 예외다. 바르셀로나 사람들은 가우디가 죽는 날까지 정성을 다한 이곳에서 자신들의 미완성 교향곡을 완성해가는 중이라고도 한다. 어제 본 것과 오늘 본 게 다르고, 내일 보면 또 달라질 사그라다 파밀리아는 가우디 사후 100주년이 되는 2026년 완공 예정이지만 이 또한 미지수다. 계획된 예산 확보 없이 여전히 기부금과 입장료로 공사비를 충당하는 때문이다. 그리고 보면 입장료를 두 번이나 낸 나 또한 성당 제작자 중 하나인 셈이다. 숟가락 하나 얹은 '내 성당'이 언제나 완성될지 은근 궁금하다.

뒤통수치는 한마디
"여긴 람블라스잖아!"

바르셀로나에서 가장 활기찬 거리는 단연 람블라스 거리다. 카탈루냐 광장에서 콜럼버스 기념탑이 있는 해변까지 1킬로미터가량 쭉 뻗은 이 거리는 차보다 보행자를 위한 공간이다. 그런 만큼 늘 사람들로 북적이는 틈에서 느긋한 마음으로 고개를 좌우로 돌리면 볼거리가 수두룩하다. 람블라스가 시작되는 카탈루냐 광장은 공항버스가 오가는 곳이요, 바르셀

로나 곳곳으로 퍼져나가는 시내버스 집결지로 바르셀로나 여행 출발점이
기도 하다. 카탈루냐 광장은 일명 비둘기 광장이다. 사람보다 더 많은 비둘
기들에게 매일 아침마다 모이를 던져주는 할머니가 나타나면 이리저리 우
르르 몰려다니는 모습이 마치 히치콕 감독의 영화 〈새〉를 연상케 한다.

람블라스 거리 초입, 묵직한 우승컵 모양의 청동 수도에선 내막을 아는
여행자들 누구나 목을 축이고 간다. 이 물을 받아 마시면 바르셀로나에 다
시 온다는 전설이 깃들어 있기 때문이다. 조금 더 내려오면 바르셀로나를
넘어 유럽에서 알아주는 수백 년 전통의 재래시장 보케리아가 있다. 싱싱
한 해산물과 과일, 육류, 견과류, 향신료 등 그야말로 스페인의 모든 먹거리
가 한자리에 모인 거대한 식재료 천국이다. 보기만 해도 배가 부를 만큼 수
북하게 쌓인 싱싱한 과일 코너는 여행자들에겐 비타민 충전소다. 즉석에서
갈아주는 새콤달콤한 생과일주스는 인기 만점으로 가격도 착하다. 종류도
다양해 어떤 걸 마실까 고민 중인 내게 한국 사람인 줄 어찌 알았는지 친절
하고 유쾌한 아저씨가 "싸다, 싸다"를 외치며 하나를 선뜻 골라준다.

거리 한복판엔 가우디 버금가는 색채 마술의 화가 호안 미로의 작품도
누워 있다. 자신의 고향을 찾아온 바르셀로나 여행자를 환영하기 위해 특
별히 붓을 들었다는 미로의 작품은 꼼꼼히 눈여겨보지 않으면 밟고 지나치
기 십상이다. 끊임없이 스치는 발길에 다소 빛이 발하긴 했지만 감히 대가
의 원작을 송구스럽게 밟고 지나는 곳은 람블라스 뿐이다.

그런가 하면 거리의 절반은 노천 꽃시장으로 향기가 폴폴 나는 길이다.
9년 전만 해도 람블라스 아침 거리는 꽃과 더불어 노천 새시장도 열려 여기
저기 새소리가 들려오고 알록달록한 새들을 구경하는 재미가 나름 쏠쏠했

건만 고 녀석들은 보이지 않는다. 당시 피둥피둥 살찐 비둘기 몇 마리가 예쁜 새들이 들어앉은 새장을 부여잡고 한참을 푸드득거리던 모습도 떠오른다. 요놈들도 '얼짱'은 알아보는가 싶어 흥미롭게 지켜봤었는데 그게 아니다. 새장 안에 뿌려진 좁쌀을 쪼아 먹으려 달라붙은 거였다. 자유롭게 날아다니는 지들은 지천에 널린 게 먹이건만 갇힌 새들의 한줌 모이마저 넘보려 버둥대는 걸 보니 한편으론 욕심 사나운 인간사를 보는 것 같기도 했다.

중간 지점을 넘어서면 잠시 쉬어가기 좋은 레이알 광장이 기다리고 있다. 야자수가 드리워진 아담한 광장 안엔 가우디 데뷔작인 가로등도 놓여 있다. 여섯 개의 등불 위에 투구를 씌워놓은 모습이 역시나 가우디스럽다. 람블라스를 사이에 두고 그 레이알 광장 건너편 골목 안에 있는 독특한 건물이 구엘 저택이다.

이 거리에선 때때로 거리 예술가들이 여행객의 발길을 붙잡는다. 다들 독특한 모양새로 동상처럼 꼼짝 않고 있다가 누군가 동전을 넣으면 갑자기 저마다의 퍼포먼스를 보여주고 기념촬영을 하지만 이것도 아이디어 경쟁이다. 아무래도 요란 떨며 이목을 끄는 이의 수입이 좀 더 짭짤해 보인다. 근엄한 천사 복장이 무색하게 "올레리~ 올레리~"하면서 귀여운 방정을 떠는 할아버지는 인기 만점이지만 옆에서 도끼 들고 서 있는 괴물은 대부분 지나친다. 그 괴물이 천사 할아버지를 힐끔힐끔 쳐다보는 게 안쓰러워 기꺼이 1유로를 넣고 함께 기념촬영 하려는 순간 번개같이 도끼를 내리쳐 기겁했다. 그렇게 움직일 줄 뻔히 알았건만 기막힌 타이밍에 절묘하게 움직이니 역시 전문인이다.

노천카페와 레스토랑이 줄을 이어 저녁이면 더더욱 생동감 넘치는 람

블라스에서 내게 옥에 티였던 건 가격표가 없던 생맥주였다. 저녁으로 시
킨 메인 요리보다 1,000씨씨 생맥주 한 잔 값이 훨~씬 비싸게 나온 영수증
을 받아들고 "맥주가 이 가격 맞느냐" 물으니 돌아오는 대답, "여긴 람블라
스잖아~". 여행하다 보면 바가지를 쓸 수도 있고, 개중에는 웃고 넘어갈 수
있는 바가지도 있지만 이렇게 기분 나쁜 바가지는 난생처음이다.

  어쨌거나 그 거리 끄트머리엔 콜럼버스 기념탑이 하늘 높이 뻗어 있다.
그 꼭대기에서 콜럼버스가 야심찬 모습으로 바다를 가리키고 있는 건 이곳
이 1492년 신대륙을 다녀온 콜럼버스가 들어온 항구이기 때문이다. 60미터
높이로 치솟은 이 기념탑의 꼭대기는 바르셀로나를 360도 돌아볼 수 있는
시원한 전망대다. 전망대로 오르는 엘리베이터는 직원 외에 3명이 타면 꽉
찰 만큼 좁다. 숨 쉬기조차 민망한 공간이니 모두를 웃게 만들었던 '방귀
뀌지 말라'는 표시가 이해가 간다.

콜럼버스 기념탑 앞 항구엔 크고 작은 요트들이 빼곡하게 들어차 있다. 그 옆으로 구불구불 이어진 철다리를 건너면 쇼핑몰과 해산물 레스토랑 천지다. 이국적인 야자수가 늘어선 해변 산책로 곳곳엔 재미있는 조각품도 많다. 그 너머로 펼쳐진 지중해 해변은 10월 하순임에도 바닷물에 텀벙 들어가 해수욕을 즐기는 이, 모래찜질하는 이, 윈드서핑을 즐기는 이들로 가득하다. 내내 걷기만 하다 뜨거운 태양이 달군 그 따끈따끈한 바다에 발을 한 번 담그는 것만으로도 몸이 스르르 풀린다.

내가 들면 돌이지만
미로가 들면 작품이 된다

바르셀로나에서 가우디만 보고 가면 누구보다 섭섭해할 사람이 있다. 람블라스 거리에서 살짝 맛을 보여준 호안 미로다. 바르셀로나 출신으로 가우디처럼 평생 카탈루냐 자존심을 지키며 살았던 미로는 고향 사람들이 가장 사랑하는 예술인이다. 그의 멋은 바르셀로나 곳곳에서 매력을 발한다. 바르셀로나 공항에 인접한 건물을 알록달록 장식한 이도 바로 미로다. 에스파냐 광장 인근 호안 미로 공원엔 '여인과 새'라는 이름표 단, 그의 별난 작품이 우뚝 서 있다.

1893년생 미로는 아버지뻘인 가우디와 닮은 점이 많다. 대장장이 아버지 피를 이은 가우디처럼 미로 또한 보석을 세공하고 시계까지 조립하던 아버지의 섬세한 손재주를 고스란히 물려받았다. 어려서부터 몸이 아파 학교가

아닌 자연을 벗 삼은 시간이 많았던 것도, 그때 접한 자연이 작품의 근원이
된 것도 비슷하다. 시대의 흐름을 거스르고 자신만의 길을 걸은 것도 가우
디와 닮았다.

　다만 달랐던 건 그들의 아버지와 선생님이다. 가우디 아버지는 아들이
자신의 일을 물려받는 게 싫었지만 미로 아버지는 아들이 자신의 보석상을
물려받길 원했다. 그림 그리길 원했던 아들은 아버지 뜻에 따라 상업학교
졸업 후 장사에 뛰어들었지만 적성과 어긋난 일은 스트레스만 안겨주었다.
18살 미로를 시름시름 앓게 한 신경쇠약증은 아버지 농장으로 옮겨 그림을
그리면서 치유됐다. 화가 아들을 극구 반대했던 아버지는 결국 아들이 원
하는 길을 가도록 허락했다.

　이듬해 바르셀로나 미술학교에 입학한 미로는 가우디와 달리 선생님을

잘 만났다. 틀에 얽매이지 않은 선생님은 다양한 감각으로 사물을 느끼게 했고, 음악과 시를 병행해 풍부한 감성을 키워주었다. 그 선생님을 통해 접한 가우디의 작품들은 미로만의 독창성을 낳게 한 또 다른 선생님이 되어주었다.

　미로의 작품엔 알쏭달쏭한 형태들이 많다. 알쏭달쏭하니 더 궁금해지는 형태들은 미로가 늘 접하던 카탈루냐의 태양, 달, 별, 바다, 들판, 하늘을 품은 자연의 상징이다. 강렬한 햇빛, 은은한 달빛, 영롱한 별빛은 우리에게 친근한 요소들이다. 자유를 상징하는 새 또한 미로 작품의 단골 출연자다. 스페인 내전 후 억압된 현실 속에서 자유를 갈망했던 그의 마음 한편이다. 그런 미로의 작품엔 '무제'가 유난히 많다. 콕 박아 놓은 제목이 보는 이의 상상을 간섭하는 게 싫은 탓이다. 저마다의 생각이 곧 제목이니 이름 없는 그림은 너무나 많은 이름으로 사람들 마음에 기억될 터다.

　작업 방식도 어디로 튈지 모르는 럭비공 같았다. 미로는 그저 붓만 들지 않았다. 캔버스에 물감과 기름을 부어 있는 그대로의 얼룩을 만들었고, 손으로 쓱쓱 문지르거나 빗자루로 쓸었고 아예 캔버스 위를 걸어 다니기도 했다. 그러다 보니 당시 미술시장에 고개를 내밀기 힘들었던 작품도 부지기수다. 마흔 넘어 손댄 그의 조각 작품도 독특하긴 마찬가지. 다른 이들이 조각조각 깎아낼 때 그는 온갖 잡동사니들을 조각조각 붙였다. 거리에서 주운 돌과 부러진 나뭇가지, 망가진 농기구와 녹슨 쇳조각, 동물 뼈 등을 덕지덕지 붙여 독특한 예술작품으로 탄생시킨 그를 두고 한 예술가 친구는 이렇게 얘기했다. "내가 집어 들면 그냥 돌이지만, 미로가 집어 들면 작품이 된다."

"피카소, 왜 사람들이 당신은 입체파, 나는 초현실주의라 하는 거요?"

미로가 피카소에게 얘기했듯 당시 미술계에선 그를 초현실주의 작가로 분류했지만 정작 미로는 특정 부류이길 원치 않았다. 자신은 그저 늘 새로운 꿈을 추구하는 예술인임을 강조했다.

피카소와 미로는 띠 동갑이다. 피카소가 열두 살 형님이다. 1920년, 파리에서 처음 만난 두 사람의 인연은 평생 이어졌다. 타국 땅에서 서로 격려하며 우정을 나눈 두 사람은 1937년 파리 만국박람회 당시 스페인 내전의 비극을 담은 작품을 함께 걸었다. 하지만 피카소의 대작 〈게르니카〉에 맞먹는, 호안 미로의 〈추수하는 사람〉은 박람회가 끝난 후 실종됐다. 어디로 사라진 걸까. 살아 있긴 한 걸까? 그래서 더 궁금한 그의 그림은 당시에 찍은 단 한 장의 흑백사진으로만 어렴풋이 엿볼 수 있다.

타국에서 서로 의지하며 함께한 시간도 적지 않건만 두 사람은 스타일도, 인생관도 사뭇 다르다. 사랑은 특히 극과 극이다. 서른여섯에 열 살 연하인 마요르카 출신 여인과 결혼한 미로는 오로지 그녀만을 사랑하며 살다 아흔 나이에 성탄절 날 눈을 감았다. 마요르카로 둥지를 옮긴 미로 부부의 말년을 함께한 절친 중엔 당시 스페인에서 산 유일한 한국인도 있었다. 그 이웃사촌이 바로 '애국가' 작곡자 안익태다. 평생 한 여인만을 사랑한 미로와 달리 피카소의 여성 편력은 너무나 유명하다. 천하의 바람둥이 피카소의 일생은 전작 《사랑한다면 파리》에 세세하게 풀어놓았기에 여기서는 건너뛴다.

바르셀로나에서 열리는
'한밤의 분수 쇼' 명당 자리는?

몬주익 언덕에는 미로의 작품 세계를 낱낱이 엿볼 수 있는 호안 미로 미술관이 있다. 미술관 밖에도 설치미술 작품들이 곳곳에 널려 있다. 1975년 미로가 지갑을 탈탈 털어 미술관을 세운 건 단순히 자신의 전시장이 아닌 가난한 예술가들의 활동무대이길 원했기 때문이다. 그로 인해 지금도 이곳은 저마다의 꿈을 지닌 젊은 화가들의 작업 무대요, 그들의 전시장 역할을 톡톡히 하고 있다.

또 다른 각도에서 바르셀로나 전경을 볼 수 있는 전망 좋은 몬주익은 '유대인의 산'이란 의미다. 그 옛날 스페인 여기저기서 쫓겨난 유대인들이 모여 살던 곳인 때문이다. 우리에겐 1992년 바르셀로나 올림픽 때 황영조 선수에게 금메달을 안겨준 곳으로 익숙한 이 언덕엔 미로 미술관 외에도 볼거리가 다양하다. 우리의 민속촌 같은 스페인마을은 스페인 각 지역의 명소들을 미니어처 형태로 한자리에 모아 초스피드로 스페인 전역을 돌아보는 기분을 안겨준다. 17세기에 세워진 몬주익 성은 스페인 내전 후 프랑코를 반대한 정치범 수용소로 활용된 곳으로 지금은 일부 공간이 무기 박물관으로 사용되고 있다. 아울러 '바르셀로나 최고의 뷰 포인트'라 일컫는 미라마르 전망대는 바다와 어우러진 바르셀로나를 내려다보는 맛이 일품이다.

하지만 몬주익의 하이라이트는 뭐니 뭐니 해도 '한밤의 분수 쇼'다. 에스파냐 광장에서 몬주익 언덕으로 오르는 길목에 놓인 거대한 분수대는 밤마다 환상적인 물 쇼를 펼친다. 해 질 무렵 바르셀로나 청춘들이 카멜 벙커로

오를 때 여행자들은 대부분 이곳으로 몰려든다.

　계절마다 요일마다 공연 시간이 다르지만 일찌감치 와서 분수대 코앞에 자리를 잡는 이들이 많다. 무대 코앞이니 객석으로 치면 VIP석이다. 나도 9년 전 늦가을엔 멋모르고 이곳에 앉아 있었다. 하지만 공연이 시작되고 나서야 그리 좋은 자리만은 아니란 걸 알았다. 바람이 불 때마다 한껏 치솟은 물줄기가 이리저리 흩날리며 이슬비처럼 소낙비처럼 머리를, 온몸을 적셨다. 가뜩이나 쌀쌀한 밤에 찬비를 맞으니 이가 덜덜 떨렸다. 공연이 시작된 지 몇 분 만에 나는 물론 다른 관객들도 분수대에서 가급적 멀리멀리 피하느라 한바탕 난리를 피웠다. 당시 일찌감치 왔음에도 분수대 앞에 펼쳐진 긴 계단 꼭대기에 왜 더 많은 사람들이 앉았는지 뒤늦게야 이해됐다.

두 번째 마주하는 한여름 밤의 분수 쇼는 진짜 명당 자리인 계단 꼭대기 카탈루냐 미술관 앞에 앉아 어두워지길 기다렸다. 공연이 시작되려면 두 시간은 족히 남았건만 이미 계단이 꽉 들어찼다. 한 자락 쉬어가는 계단참에선 자리 지키느라 꼼짝 못하는 사람들을 위해, 자신들의 돈벌이를 위해 거리공연을 펼쳐주는 이들도 있으니 역시나 명당 자리다. 붉은 노을 밑에서 그렇게 시간을 보내는 가운데 어둠이 깃드니 은은한 선율 속에 솟구치는 물줄기가 화려한 조명발을 받아 까만 밤을 수놓는다.

다양한 형태로 끊임없이 솟아오르는 물줄기는 마치 수많은 무용수들이 펄쩍 뛰어올랐다가 바닥에 엎드리는 춤사위를 보여주는 것 같다. 음악이 총감독이런가. 템포에 맞춰 때론 퐁퐁 솟아오르며 캉캉춤도 추고, 좌우로 살랑대며 트위스트를 추고, 우아하게 발레를 선보인다. 특히 투명한 조명을 받으며 솟아오른 하얀 물줄기가 부드럽게 퍼져 내릴 땐 마치 까만 밤에 하얀 눈을 흩뿌려놓는 것 같아 눈 내리는 한겨울 밤을 연상케도 한다. 반면 강렬한 이미지의 빨간 조명이 켜지면 물 쇼가 아닌 불꽃놀이를 보는 것 같다. 그래서일까. 한 곡 한 곡 끝날 때마다 물에게 박수를 보내는 관객들의 모습이 전혀 이상하지 않다.

분수대 코앞에서 보는 사람들이 살짝 궁금하기도 했다. 쌀쌀한 밤이 아니라 시원함이 그리운 여름밤이니 더 좋았으려나? 사실 코앞에서 보면 물소리도 듣기 좋다. 높이 솟구쳤다 떨어지는 물줄기는 폭포처럼 우렁차고 낮게 올랐다 가볍게 퍼지는 물줄기는 졸졸졸 흐르는 시냇물 같다. 화려하게 솟구쳤다 내려오는 분수를 오랜 시간 바라보고 있으니 정점을 찍으면 내려올 수밖에 없는 우리 인생 같기도 하다.

역사와 예술이
만나는 도시

마드리드

Madrid.

마드리드가
스페인의 수도인 이유

바르셀로나의 라이벌 마드리드는 고도 600미터가 훌쩍 넘는, 유럽에서 가장 높은 곳에 위치한 수도다. 애초 톨레도였던 수도가 1561년 마드리드로 넘어온 건 국토 한복판에 있다는 이유였다. 당시 변방에 지나지 않던 마드리드가 스페인의 수도를 넘어 유럽의 심장으로 떠오르게 된 건 엄청난 금수저를 물고 태어난 펠리페 2세 1527~1598 덕분이다.

펠리페 2세가 스페인의 왕이자 신성로마제국의 황제였던 아버지 카를로스 1세에게 물려받은 땅은 실로 어마어마했다. 게다가 포르투갈 왕족인 어머니로 인해 훗날 포르투갈 왕위까지 이어받자 스페인은 물론 유럽 대부분을 넘어 조상이 개척한 아메리카 신대륙의 상당 부분까지 그의 소유가 되었다. 필리핀이라는 국명도 당시 그곳을 지배하던 펠리페 2세에서 비롯된 것이니 말 그대로 '해가 지지 않는 대제국'이었다. 땅덩어리만 거대할 뿐 아니라 신대륙에서 건너오는 금은보화를 포함해 모여드는 재물도 엄청났다.

넘침은 모자람만 못하다고 했던가. 물려받은 제국이 너무나도 방대했기에 펠리페 2세는 통치 기간 대부분을 끊임없이 밀려오는 서류더미에 파묻혀 살아야 했다. 그래도 그는 땀 한 방울 흘려보지 않고 막대한 재산을 물

려받아 빈둥빈둥 놀며 사치를 부리는 '졸부 자식' 스타일은 아니었다. 수도
를 마드리드로 옮긴 이유도 업무를 효율적으로 처리하기 위해서였다. 마드
리드는 민원을 올려 보내는 어느 지역도 거리상 섭섭하지 않은 곳이었다.

　그러나 때론 부지런함이 민폐가 되는 경우가 있다. 펠리페 2세가 그랬다.
지독한 일벌레였던 그의 별명은 '신중왕'이다. 성실하고 부지런하긴 했지
만 적잖이 미련했다. 굵직굵직한 국정 현안이야 왕이 처리하는 게 당연하지
만 자질구레한 민원까지 날밤 새워가며 꼼꼼하게 들여다보는 통에 눈이 벌
겋게 충혈되기 일쑤였다. 업무 과다 탓도 있지만 너무나 심사숙고하는 성격
탓에 결재 시기를 놓치는 일도 부지기수였다. 사실 '신중왕'이란 별명도 결
정을 내려야 할 시점에 미적거리는 우유부단함을 비꼰 것이기도 하다.

밤샘한다고 시험 잘 보는 게 아니듯 보고 또 봐도 문서의 핵심을 제대로 파악하지 못했던 왕은 고심 끝에 새로운 시스템을 만들었다. 문서의 요지만 정리하는 팀, 그걸 검토하는 팀, '긴급 현안'을 우선 보고하는 팀, 그 현안에 순서를 매기는 팀…. 비슷한 업무를 세분화해 팀을 꾸리다 보니 그 복잡한 시스템이 오히려 더 일을 복잡하게 만들었다. 시스템에 발목이 잡혀 처리 시간은 더더욱 느려졌고, 조직 간에 암투까지 벌어졌다. 1556년에 왕이 된 후 42년 동안 사생활도 반납하고 누구보다 열심히 일했지만, 치세 말년에 지병으로 고생하던 왕의 감독이 허술해지자 공무원들의 부정부패가 기승을 부리면서 제국의 곳간이 흔들리기 시작했다.

그렇게 안에서 솔솔 빠져나가는 재물도 만만치 않았지만 펠리페 2세가 엄청난 재산을 다 까먹고 네 번이나 국가 파산을 선언한 가장 큰 원인은 '종교전쟁'에 있었다. 독실한 가톨릭 신봉자였던 그는 가톨릭 이외의 종교를 용납하지 않았기에 치세 기간 내내 전쟁 속에 살았다. 특히 신교도 국가이자 스페인의 식민지였던 네덜란드가 무시무시한 종교재판과 막대한 세금 징수에 항거하며 1568년부터 펼친 독립전쟁은 펠리페 2세 사후까지 무려 80년에 걸쳐 이어졌다. 그 와중에 이슬람 국가인 오스만 제국이 베네치아를 공격하자 교황이 선포한 '그들만의 성전'에 참여해 이슬람교도들을 몰아내기도 했다. 이른바 그 이름도 유명한 '레판토 해전1571년'이다. 그 여세를 몰아 펠리페 2세는 유럽을 넘어 세상의 왕이 되려는 야망을 품고 신대륙에서 굴러 들어오는 엄청난 재력을 바탕으로 막강한 무적함대를 창설했다. 오늘날 스페인 국가대표 축구단을 '무적함대'라 일컫는 것도 여기에서 비롯됐다.

그런 가운데 잉글랜드는 여러모로 펠리페 2세의 심기를 건드렸다. 개신교도인 엘리자베스 여왕은 가톨릭으로 개종하라는 펠리페 2세의 명령 같은 권고를 뚝심 있게 무시했고 스페인으로부터 독립을 선언한 네덜란드를 지지했다. 게다가 악명 높은 잉글랜드 해적선들이 신대륙 물자를 실어 오는 스페인 상선을 약탈하는 것을 항의하자 여왕은 오히려 보란 듯이 해적들에게 훈장을 내리며 펠리페 2세의 염장을 질렀다.

결국 펠리페 2세는 사사건건 심기를 건드리는 엘리자베스 여왕을 폐위시킬 요량으로 1588년 '어마무시한' 규모의 무적함대를 영불해협에 파견했다. 결정적 요인은 그녀가 자신의 왕위를 노린 스코틀랜드의 전 여왕 메리 스튜어트를 처형한 데서 비롯되었다. 메리 스튜어트가 가톨릭 신자였기 때문에 가톨릭을 옹호하는 스페인 왕으로서 좋은 구실이 된 것이다.

당시 스페인의 막강 화력에 비하면 잉글랜드는 '새 발의 피' 같은 존재였기에 싸움은 한 방에 가볍게 끝날 줄 알았다. 하지만 유럽의 지배자임을 과시하려는 세력 앞에서 목숨 걸고 덤비는 펀치력도 만만치 않았다. 치고 빠지는 데 능숙한 잉글랜드의 해적선은 덩치만 큰 무적함대를 상대로 매운맛을 톡톡히 보여주었다. 더군다나 싸움터는 잉글랜드 앞바다. '홈팀'에겐 익숙한 좁은 해협의 기상 이변도 잉글랜드의 승리에 한몫 단단히 했다. 무적함대 중 절반 이상이 갑작스럽게 휘몰아치는 요상한 돌풍에 속수무책으로 당했다. 믿었던 무적함대의 충격적인 패배 소식에 그야말로 어이가 없던 펠리페 2세는 이런 말을 남겼단다. '적과 싸우라고 보냈지, 누가 자연과 싸우라고 했냐고요~~'

그렇게 끊임없이 이어지는 전쟁에 물자를 쏟아부은 왕실 곳간은 결국 텅

텅 비고 말았다. 재정을 메우기 위해 성직자나 귀족에게 돈을 빌리면서 고리의 국채를 발행했지만 든든한 돈줄이던 신대륙의 금 생산량이 급격히 줄어들면서 대출금 상환이 불가능해지자 국가 파산을 선언할 수밖에 없었다. 스페인은 그렇게 서서히 '해가 지는 국가'로 몰락하기 시작했다.

'스페인의 사도세자'
돈 카를로스

그 옛날 유럽의 왕들이 왕가를 잇기 위해 흔히 그랬듯이 펠리페 2세도 일생에 네 번 결혼했다. 1543년에 결혼한 첫 부인은 포르투갈의 공주이자 사촌뻘인 마리아 마누엘라. 두 사람은 사랑에 막 눈뜰 나이인 열여섯 살 동갑내기 부부로 깨소금 폴폴 풍기는 신혼생활을 보냈지만 안타깝게도 2년을 못 채우고 마리아가 아들 돈 카를로스를 낳은 지 사흘 만에 꽃다운 나이로 세상을 떠나고 만다.

1554년에 치른 두 번째 결혼은 그야말로 정략결혼이었다. 상대는 헨리 8세의 딸로 잉글랜드 여왕 자리를 꿰찬 메리 1세. 열한 살이나 많은 연상의 여인이다. 아버지 카를로스 1세의 바람대로 메리 여왕과 결혼한 대가로 잉글랜드 공동 군주가 되었지만 1558년에 메리가 왕위를 이을 자식 하나 남기지 않고 죽는 바람에 정략결혼의 성과는 물거품이 되고 말았다.

사랑으로 맺어진 게 아니라 정략결혼이었던 탓일까? 첫 부인을 잃은 후 장장 9년이란 세월을 홀로 보낸 것과 달리 세 번째 결혼은 메리 1세가 죽은

이듬해 쏜살같이 이루어졌다. 이번엔 무려 열여덟 살이나 어린 엘리자베스 드 발루아. 프랑스 왕 앙리 2세의 딸이었다. 바로 이 결혼이 '스페인의 사도세자'를 낳게 했다. 사도세자는 조선시대 영조의 아들로, 정신병자로 몰려 아버지의 명령으로 뒤주에 갇혀 죽은 왕자다. 이와 비슷한 일을 겪은 스페인의 왕자가 바로 첫 번째 부인이 낳은 돈 카를로스1545~1568다.

엘리자베스는 애초 돈 카를로스의 약혼녀였다. 하지만 내내 앙숙이던 프랑스와 화평을 꾀한다는 명목으로 아버지가 그녀와 덜컥 결혼해버렸다. 졸지에 약혼녀를 어머니라 불러야 하는 남자의 심정이 오죽했으랴만 하여간 눈치코치는 없는 아들이었다. 후계자인 자신을 못 미더워하는 아버지의 속내를 알면서도 아버지가 여러모로 치를 떠는 네덜란드 편을 들어 심기를 건드리더니, 급기야 네덜란드로 가려다 그만 붙잡히고 만다. 심지어 아버지에게 칼을 겨누기까지 해 정신병자로 낙인찍혀 첨탑 골방에 갇힌 아들은 6개월 만에 스물넷 한창 나이에 홀로 외롭게 세상을 뜨고 만다.

이러한 역사적 사실을 기반으로 독일 작가 프리드리히 실러가 쓴 희곡 〈스페인 왕자, 돈 카를로스〉를 풀어낸 것이 바로 베르디의 오페라 〈돈 카를로〉다. 1867년 파리에서 첫선을 보인 이 작품에는 펠리페 2세, 돈 카를로스, 엘리자베스는 물론 마드리드의 최고 미녀이자 펠리페 2세의 정부라는 소문이 돌던 실존 인물 에볼리 공녀도 등장한다.

무대 위의 돈 카를로스는 남도 아닌 아버지에게 사랑하는 여인을 빼앗긴 가련한 주인공으로 부각되지만 실은 어려서부터 앓은 정신질환으로 포악해진 성정 탓에 아버지 속을 무던히도 썩인 아들이었다. 열네 살 어린 나이에 시아버지가 될 뻔했던 남자와 결혼한 엘리자베스 또한 속 끓이는 나날을 보내는 것으로 나오지만 실제로 펠리페 2세와 엘리자베스는 나름 금슬이 좋았고 슬하에 두 딸을 두었다. 그러나 그녀 또한 세 번째 아이를 출산하던 중 목숨을 잃었다. 공교롭게도 돈 카를로스가 옥사했던 바로 그해다. 동갑내기였던 두 사람은 죽은 후에야 펠리페 2세의 배려로 마드리드 근교에 있는 엘 에스코리알 수도원에 나란히 잠들게 되었다.

왕위를 이을 아들이 없었던 펠리페 2세는 2년 뒤 네 번째 결혼을 한다. 이번에 왕비가 된 여인은 오스트리아의 왕이자 신성로마제국 황제인 막시밀리안 2세의 딸 안나였다. 펠리페 2세에겐 조카딸인 데다가 무려 스물두 살이나 연하다. 안나 또한 돈 카를로스의 여인이었다. 엘리자베스를 대신한 약혼녀였으나 돈 카를로스가 세상을 뜨는 바람에 졸지에 삼촌의 여인이 된 것이다. 두 사람 사이에는 4남 1녀가 있었지만 펠리페 2세 뒤를 이은 펠리페 3세를 빼고는 모두 유아 시절에 세상을 떠났다.

펠리페 2세에게 살이 긴 걸까? 요상한 결혼을 했던 안나 또한 오래 살지 못하고 결혼 10년차인 1580년에 서른한 살의 나이로 자식들 뒤를 따라갔다. 사인은 독감이다. 그것도 순전히 펠리페 2세 때문이다. 당시 후계자 없이 죽은 포르투갈 국왕 자리를 물려받기 위해 떠난 펠리페 2세가 감기에 걸렸는데 그는 멀쩡하고 간병하던 그녀가 전염되어 사망했으니 말이다.

네 명의 부인과 사별한 후 18년간 홀로 살다 1598년 세상을 등진 펠리페 2세는 자신의 손에 죽은 아들 곁인 엘 에스코리알에 잠들어 있다. 스페인 제국의 위대함을 과시하기 위해 펠리페 2세가 21년간 공들여 지은 '산 로렌조 데 엘 에스코리알San Lorenzo de el Escorial'은 수도원을 겸한 궁정으로 살아생전 그가 밤새 끙끙대며 일했던 곳이다. 열두 명의 왕과 왕비들이 안

치된 무덤이 있고 철저한 가톨릭 신봉자였던 펠리페 2세가 유럽 전역에서 수집한 순교자의 유골들이 보관된 엘 에스코리알은 1984년 유네스코 세계 문화유산에 등재되었다.

너무나 잔인하고 허무했던 '사랑과 결혼'

스페인의 무적함대와 맞짱 떠서 이긴 영국의 엘리자베스 1세 여왕 또한 펠리페 2세의 청혼을 받은 바 있다. 두 사람의 첫 대면은 펠리페 2세의 두 번째 부인 메리가 죽은 직후다. 그녀의 죽음으로 잉글랜드 공동 군주 자리에서 내려온 그는 이복언니 뒤를 이어 왕이 된 엘리자베스와 재혼해 그 자리를 되찾고자 했다. 그러나 엘리자베스의 대답은 한마디로 'No!'였다.

엘리자베스 1세1533~1603는 형부였던 펠리페 2세뿐만 아니라 자신에게 들어온 모든 청혼을 매몰차게 거절하고 평생 독신으로 살았다. "나는 영국과 결혼했다"는 그녀의 말은 지금까지도 유명하다. 그녀가 사랑을 거부한 이유는 한 남자의 사랑을 한 몸에 받다 그 남자에 의해 비참하게 죽은 어머니 때문이다.

그녀의 어머니는 세기의 스캔들을 일으키며 잉글랜드 왕 헨리 8세1491~1547의 두 번째 왕비가 된 앤 불린이다. '사랑의 화신' 헨리 8세의 결혼은 네 번 결혼한 펠리페 2세가 '형님' 하며 꼬랑지 내리고 갈 판이다. 그의 사랑은 건건이 유별났다. 사랑이 죄는 아니겠지만 헨리 8세는 그 사랑을 얻기 위해, 또 그 사랑을 버리기 위해 번번이 죄를 저질렀다.

　첫째 부인 캐서린1485~1536은 본디 형수였다. 캐서린은 펠리페 2세의 아버지 카를로스 1세의 고모다. 헨리 8세의 아버지 헨리 7세는 막강한 스페인과 동맹 관계를 유지하기 위해 장남아서 왕자을 캐서린과 맺어주었지만 워낙 허약했던 체질 탓에 결혼한 지 6개월 만에 병사하고 만다. 열여섯 꽃다운 나이에 신방 한 번 제대로 치르지 못하고 청상과부가 된 캐서린은 억울함을 호소했다. 이에 두 집안은 '결혼은 했으나 아이를 낳지 않은 처녀'임을 내세워 이전 혼인을 무효화하고 당시 열 살짜리 미성년자인 헨리를 남편감으로 점지했다.

　아버지 뒤를 이어 열여덟 살에 즉위한 헨리 8세는 기꺼이 형수를 아내로 맞이해 몇 년간은 그럭저럭 잘 살았다. 캐서린은 3남 2녀를 낳았지만 유일하게 살아남은 자식은 훗날 펠리페 2세의 두 번째 부인이 된 메리 1세1516~1558뿐이었다. 헨리 8세는 반복되는 임신과 유산에 마음고생까지 더해져 쪼글쪼글 늙어만 가는 연상의 아내와 이혼하고픈 마음이 굴뚝같았지만 무시할 수 없는 그녀의 친정 배경을 의식해 '무늬만 부부'로 지냈다.

　그 와중에 그의 눈에 번쩍 들어온 여인이 바로 앤 불린이다. 궁중무도회에서 그녀를 처음 본 왕은 아내에 비하면 너무나도 쌩쌩하고 상큼한 데다 외교관 아버지를 따라 어려서부터 익힌 세련된 프랑스식 궁정 매너를 발산하는 그녀의 매력에 푹 빠져버렸다. 헨리 8세는 그녀를 캐서린의 시녀로 불러들여 끊임없이 추파를 던졌다. 하지만 앤 불린은 이른바 '밀당'의 고수였다. 왕의 마음이 온전히 자신에게 쏠린 걸 안 그녀는 왕비와 이혼하고 자신과 정식으로 결혼하기 전에는 그 마음을 받아들일 수 없다고 단언했다. 당시 그녀의 언니 또한 헨리 8세의 정부였기에, 언니처럼 뒷방 여인으로 살고 싶진 않았다.

요런 당돌함에 더 애가 탄 헨리 8세는 마침내 캐서린과 이혼을 결심하고 교황청에 3년 동안 수차례 허락을 구했지만 신성로마제국 황제이자 막강한 스페인 왕의 눈치를 보던 교황청은 이를 받아들이지 않았다. 고심 끝에 그가 내린 결정은 교황청과의 결별이었다. 1533년 이미 배 속에 아이를 가진 앤 불린과 비밀결혼을 한 그는 이듬해 교황청을 무시한 채 영국 성공회를 창립하고 그 수장이 되는 수순을 밟았다. 이 과정에서 당시 총리이자 《유토피아》의 저자로 유명한 토머스 모어가 왕의 이혼과 수장령을 강력하게 반대하다 결국 처형당했다. 그의 뒤를 이은 토머스 크롬웰 총리는 헨리 8세의 입맛에 맞게 해결사 노릇을 톡톡히 해냈다. 그는 '형제의 아내를 범

하지 말라'는 성경 구절을 근거로 형수와의 혼인은 성경에 위배되기에 무효임을 선언해 왕의 이혼을 성사시켰다.

　그토록 요란스럽게 부부가 된 두 사람의 행복도 그리 오래가진 않았다. 결혼한 지 몇 달 만에 태어난 아기가 바로 엘리자베스다. 아들을 원했던 왕은 내심 실망했고 이후 몇 차례 유산을 반복하자 한 여인의 피눈물을 쏟게 하고 종교까지 바꿔가며 쟁취했던 열정적인 그 사랑도 유통기한을 넘기면서 싸늘하게 식어버렸다. 다시금 다른 여인에게 눈을 돌린 헨리 8세의 이혼 요구를 받아들이지 않은 왕비 앤 불린은 딱히 증거도 없는 간통죄를 뒤집어쓰고 런던탑에 갇혔다가 1536년 참수형으로 생을 마쳤다. 공교롭게도 그녀가 떠난 그해엔 왕궁에서 쫓겨나 쓸쓸한 말년을 보내던 캐서린도 세상을 마감했다. 앤 불린의 삶을 담아 오래전 인기를 끌었던 영화 〈천일의 앤〉을 다시 들여다보고 나선 그렇게 세상을 떠난 여인들의 잔상이 한동안 아른거

렸다. 나 역시, 그렇게 살아갈 왕비라면 정말이지 천만금을 준다 해도 엘리자베스처럼 'No'다.

한때 그렇게도 사랑했던 여인을 죽인 비정한 남자는 그해에 바로 마음에 두었던 궁녀 제인 시모어와 결혼식을 올렸다. 이듬해 그토록 원하던 아들을 얻었지만 그녀는 출산 후유증으로 사망했다. 유일하게 아들을 안겨준 그녀의 죽음에 상심이 컸던 그는 무려 3년이나 독수공방을 자처했다. 1540년 독일 공작의 딸인 앤을 네 번째 부인으로 맞아들인 건 그의 첫 이혼에 지대한 공을 세운 크롬웰이 적극 추천했기 때문이다. 하지만 흐뭇했던 맞선용 초상화와 달리 실물을 보고 기겁한 왕은 첫날밤도 치르지 않고 이혼했다. 이 일로 왕의 노여움을 산 크롬웰은 직위를 박탈당한 뒤 처형됐다.

헨리 8세의 다섯 번째 부인은 6개월 만에 이혼당한 앤 왕비의 시중을 들던 캐서린 하워드다. 앤 불린의 사촌으로, 엘리자베스에겐 이모인 셈이다. 스물도 채 안 된 신부이니 오십 가까운 나이의 신랑은 보기만 해도 입이 벌어졌을 터이다. 하지만 그녀는 결혼 전에 이미 정부를 둘 만큼 조숙했고 왕비가 되어서도 '연애질'을 하다 걸려 결혼 2년 뒤인 1542년에 앤 불린처럼 참수형을 당했다.

캐서린 하워드가 참수당한 이듬해 여섯 번째 부인이 된 캐서린 파는 왕실 가정교사 출신으로 이미 두 번의 결혼 경력이 있는 여인이다. 첫 남편과 사별하고 두 번째 남편 또한 몸져누운 상태에서 그녀가 연심을 품었던 남자는 제인 시모어의 오빠 토머스 시모어였다. 하지만 무시무시한 왕의 청혼을 거부할 수 없던 그녀는 아버지뻘인 남자를 맞아 울며 겨자 먹기 심정으로 왕비가 되었다. 그래도 그녀는 유일하게 화를 면한 여인이다. 1547년

들어 헨리 8세가 죽었기 때문이다. 왕이 세상을 뜬 그해 그녀는 죽은 왕을 배신하고 결국 토마스 시모어와 재혼했지만 이듬해 출산 도중 사망했다. 왕가를 이을 왕의 임무에 충실하려다 보면 그럴 수도 있겠다 싶지만, 그래도 헨리 8세의 사랑은 너무나 잔인했고 그 끝 또한 너무나 허무했다.

펠리페 2세의 '아내' 메리 여왕 vs '처제' 엘리자베스 여왕

아버지의 비정한 사랑으로 이복자매가 되었던 메리와 엘리자베스는 저마다 살 떨리는 삶을 살아야 했다. 캐서린의 딸 메리는 앤 불린에 의해 한때 이복동생인 엘리자베스의 시녀로 살았다. 간통죄로 참수당한 앤 불린의 딸 엘리자베스는 세 살의 어린 나이에 창녀 딸이란 손가락질을 받으며 궁에서 쫓겨났다. 심지어 아버지 헨리 8세는 그녀를 사생아라 치부하며 나 몰라라 했다.

그런 와중에 사랑을 듬뿍 받고 자란 막내 동생이 아버지 뒤를 이어 에드워드 6세로 왕이 되었다. 제인 시모어의 아들 에드워드는 열 살 때 왕이 되었지만 병약했던 탓에 6년 만에 죽고 만다. 왕위 계승자는 공주 지위를 되찾은 메리가 1순위였다. 한데 야심 많은 더들리 공작이 병석에 누운 에드워드 6세를 꼬드겨 자기 아들과 결혼한 왕의 조카 제인 그레이에게 왕위를 물려준다는 유언장을 이미 받아 놓은 상태였다. 이에 메리는 목숨을 부지하기 위해 지방으로 도망가 꼭꼭 숨어야 했다. 하지만 멋모르고 여왕이 된

제인은 메리를 옹호하던 귀족들에 의해 단 9일 만에 폐위되어 더들리 공작과 함께 형장의 이슬로 사라졌다.

메리 1세는 종교까지 바꾸며 이혼을 강요한 아버지에게 받은 어머니의 설움을 잊지 않았다. 여왕이 된 메리는 아버지가 새로 만든, 자신에게는 원한 맺힌 신교를 내치고 가톨릭을 부활시켰다. 이 과정에서 개종을 거부한 수백 명의 신교도들이 산 채로 불에 타 죽었다. 자신의 의지와 무관하게 여왕이 되어야 했던 제인 그레이도 목숨을 부지할 기회가 있었지만 가톨릭을 거부했기에 열여섯 나이에 무참하게 죽었다. 역사상 메리 1세에게 '블러드 메리'라는 끔찍한 별명이 따라붙는 건 이처럼 너무나 잔혹했던 신교도 탄압과 공포정치 때문이다.

엘리자베스 또한 자신에게 앙심을 품은 이복언니 치하에서 죽음의 문턱까지 갔다 왔다. 언니의 결혼이 화근이었다. 메리가 펠리페 2세와 결혼한다는 소식에 잉글랜드가 스페인 수중에 넘어갈 것을 염려한 귀족들의 반란이 일어났다. 반란군은 가볍게 진압되었지만 그 주동자가 고문을 받다가 엘리자베스의 지시라는 허위 자백을 하는 바람에 그녀는 그 옛날 어머니처럼 런던탑에 갇히고 만다. 도무지 빠져나갈 수 없는 덫에 걸려 언제 죽을지 모르는 바람 앞의 촛불 같은 그녀를 살려낸 건 다름 아닌 펠리페 2세다.

냉혹한 '피의 여왕'도 사랑 앞에선 솜사탕처럼 보들보들했다. 서른여덟 살 노처녀에게 열한 살 연하의 미남 새신랑은 하늘의 별도 따다 주고 싶을 만큼 사랑스러운 존재였다. 상상임신까지 할 만큼 사랑에 눈멀게 한 남자가 동생을 풀어주라는데 어찌 거역할 수 있으랴. 따지고 보면 엘리자베스는 펠리페 2세 덕에 살아남아 여왕의 자리에 오른 셈이다. 그런 은인에게 사랑의 아픔에 패배의 아픔까지 안겨주었으니 아마도 펠리페 2세에겐 세상에서 가장 잔인한 여인이 엘리자베스 여왕일지도 모른다.

스물다섯 살에 여왕 자리에 오른 엘리자베스 1세의 초상화를 보면 대부분 진주목걸이와 진주귀고리를 주렁주렁 달고 있다. 여왕 시절 내내 그녀는 순결을 상징하는 진주를 온몸에 휘감고 다녔다. 그만큼 '진주 사랑'이 각별했던 그녀가 가장 탐냈던 진주는 일명 '순례자'라 일컫는 '라 페레그리나La Peregrina'다. 16세기 초, 한 흑인 노예가 파나마 만에서 발견한 것으로 지금까지도 세상에서 가장 큰 자연산 진주로 알려져 있다. 그는 이것을 스페인 왕실에 '강제 기부'하는 대가로 노예 신분에서 해방됐다.

펠리페 2세는 세상에서 가장 유명해진 진주로 목걸이를 만들어 메리 1세

에게 결혼 선물로 주었다. 메리는 사랑하는 남편의 선물을 애지중지했기에 그녀의 초상화를 보면 유난히 도드라져 보이는 이 목걸이가 어김없이 걸려 있다. 엘리자베스도 자나 깨나 그것을 탐냈지만 죽음의 문턱에서 오락가락 하던 언니는 여왕 자리를 물려받을 그녀에게 끝내 목걸이는 넘겨주지 않았 다. 오히려 평생 밉상이던 이복동생이 채 갈까 싶어 펠리페 2세에게 돌려주 라는 유언을 남기고 야속하게 세상을 떠났다.

엘리자베스가 해적들을 부추기며 스페인 상선을 약탈하도록 한 이면에 는 '라 페레그리나'에 버금가는 진주를 얻기 위함도 있었다. 그녀는 다른 건 몰라도 배에 실린 진주란 진주는 죄다 뺏어 오라는 명령까지 내렸다. 그 렇게 해서 숱한 진주를 손에 넣었지만 결국 '라 페레그리나'만 한 진주는 얻지 못했다. 만일 펠리페 2세의 청혼을 받아들였다면 그토록 원하던 그 진 주목걸이가 그녀의 초상화에 담겨 있을지도 모를 일이다. 비록 목걸이는 얻지 못했어도 '블러디 메리'라는 악명을 얻은 언니에 비해 무적함대를 꺾 고 대영제국의 발판을 세워 '훌륭한 여왕 베스Good Queen Bess'라는 미명을 얻었으니 결국 최후의 승자는 엘리자베스가 아닐까.

그녀가 그토록 원했던 목걸이의 일생도 파란만장했다. 스페인 왕실 여인 들의 목을 빛내주던 목걸이는 200여 년 후 나폴레옹이 스페인을 침공했을 때 프랑스로 건너갔고, 왕정이 무너지면서 영국으로 망명한 나폴레옹 3세 는 돈이 궁해 영국 귀족에게 팔아넘겼다. 그러다 1969년 불현듯 경매에 나 와 만나게 된 새로운 주인은 당시 최고의 할리우드 여배우 엘리자베스 테 일러였다. 역시나 유명했던 남편 리처드 버튼이 3만 7,000달러에 구입해 아 내의 생일선물로 건네준 후 그녀가 죽은 2011년 다시 경매에 나와 진주 사상 최고가인 1,180만 달러에 팔렸다.

중세 잔혹사가 스민
마드리드 터줏대감 광장

　　펠리페 2세 뒤를 이은 펠리페 3세 때 완성된 마요르 광장은 마드리드 터줏대감이다. 아홉 개의 아치형 출입구를 갖춘 길쭉한 직사각형인데, 당시에는 광장을 둘러싸고 정육점과 빵집들이 주를 이루었지만 지금은 레스토랑과 기념품점들이 즐비하다. 당시 밀값을 좌지우지하던 제빵 길드 본부였던 건물 벽면에 줄줄이 담긴 독특한 그림들이 눈길을 끄는 광장 한복판엔 펠리페 3세의 기마상이 위세 좋게 세워져 있다. 이탈리아의 조각가가 빚어낸 이 거대한 동상은 르네상스 시대를 열었던 메디치 가문이 펠리페 3세에게 선물한 것이다.

　　펠리페 3세1578~1621는 아버지에 비하면 너무나 게을렀던 왕이다. 정치에 별 관심이 없던 그는 나랏일은 총리에게 맡기다시피 하고 사냥과 파티를 즐기며 빈둥빈둥 노는 왕이었다. 그런 왕의 별명이 '평화왕'인 건 전쟁으로 몇 차례나 나라를 말아먹은 아버지와 달리 갈등이 극에 달했던 잉글랜드와 네덜란드를 비롯해 이웃나라들과 줄줄이 평화협정을 맺었기 때문이다. 물론 돈 들여가며 목숨 걸고 싸우는 것보단 사이좋게 지내는 게 백 번 천 번 나은 처사다. 하지만 그의 평화는 충돌을 해결하려는 지혜가 아니라 만사가 귀찮은 회피였다. 스페인 왕들 중에 가장 존재감 없던 그에게 붙여진 별

명은 곧 무능한 왕을 암시한 것이기도 하다.

　우아한 발코니가 무려 237개나 된다는 건물로 둘러싸인 광장은 지금이
야 밤낮으로 활기차고 평화로워 보이지만 한때는 밤낮없이 피로 물든 광기
의 현장이었다. 악명 높기로 유명한 스페인의 종교재판 때문이다. 수백 년
간 이슬람 세력 치하에 있던 스페인이 차츰차츰 국토를 회복해가는 마지막
과정에서 부부였던 아라곤 왕국의 왕 페르난도 2세와 카스티야 왕국의 여
왕 이사벨 1세가 국토 회복 운동의 명분을 세우기 위해 잔인한 종교재판을
벌였다. 이슬람교도를 비롯한 이단자들을 처단하는 일은 교황청의 지지를
얻으며 맹렬하게 전개되었다.

　작정하고 나선 재판이기에 일단 걸려들면 귀신도 빠져나올 수 없는 게
종교재판이다. 말은 재판이지만 입 한 번 뻥끗하지 못했고, 할 수 있는 말이
란 오로지 자백뿐이었다. 무고한 사람도 잔인한 고문 앞에선 죄인이 될 수
밖에 없는, 공포 그 자체였다. 대상은 이슬람교도와 가톨릭으로 거짓 개종

한 유대교도가 대부분이지만 동성연애자도 포함됐다. 재판을 통해 죄인이 되고 나면 그의 재산을 국가가 몽땅 압류할 수 있었기에 부자들도 심심찮게 걸려들었다. 사방에 밀고자들이 깔렸고, 걸려든 자는 묻지도 따지지도 않고 심판대에 올렸기에 사적인 앙심을 품고 거짓 밀고를 하는 이도 적지 않았다. 그야말로 살얼음판인 세상이었다.

1480년부터 시작된 이 무시무시하고도 야비한 종교재판은 1800년대까지 이어졌고 셀 수도 없을 만큼 많은 이들이 이곳에서 비참하게 죽어갔다. 그런 종교재판의 잔혹사는 밀로스 포먼 감독의 영화 〈고야의 유령〉에서도 어느 만큼은 엿볼 수 있다. 천진난만하고 아리따운 처녀를 죄인으로 만들어버리고야 만 종교재판이 중요시했던 신이 정말 신일까? 그런 신이라면 신을 빙자한 악마일 뿐이다.

뼈아픈 과거를 묻어둔 마요르 광장 뒤편은 먹자골목으로 유명하다. 싱싱한 과일과 해산물, 스페인의 국민반찬인 하몽, 타파스 등 가벼운 안줏거리가 가득한 산 미구엘 시장은 마드리드 시민들이 퇴근 후 가볍게 한잔하는 곳으로 인기 만점인 곳이다. 그 앞으로 길게 뻗은 길목은 유서 깊은 선술집들이 늘어선 거리로, 한때 헤밍웨이도 밤마다 여러 집을 골고루 들러 술잔을 기울였단다. 하지만 무슨 심사에선지 유독 한 군데만 발을 들이지 않았다는데, 이후 그 집은 '헤밍웨이가 찾지 않은 집'으로 알려지며 더 유명해졌다고 하니 정말이지 세상사, 모르는 일이다.

스페인의 자존심,
프라도 미술관

　　프라도 미술관은 마드리드의 자랑이자 스페인의 자존심인 곳이
다. 남의 나라에서 약탈해 온 작품들이 대부분인 루브르 박물관, 대영 박물
관과 달리 정당하게 돈 주고 산 작품과 스페인 왕실 소장품으로 채운 프라
도 미술관은 작품 수도 어마어마해 '세계 명작의 보고'로 불릴 정도다. 무
엇보다 '스페인 3대 화가인' 엘 그레코, 벨라스케스, 고야의 솜씨를 줄줄이
엿볼 수 있고, 천하의 살바도르 달리가 작품을 대할 때마다 질투심에 불타
눈을 가렸다는 히에로니무스 보스의 기이한 작품들도 걸려 있다.
　　그런 프라도 미술관의 밑바탕을 깔아준 이는 펠리페 4세1605~1665다. 열
여섯 살에 왕이 된 그는 아버지만큼은 아니어도 정치에 관심 없긴 마찬가지
였기에 열 살 때부터 자신의 전담 신하였던 올리바레스 백작을 총리로 두고
모든 나랏일을 맡겼다. 그나마 다행인 건 무능했던 펠리페 3세 옆에 간신들
만 들끓던 것에 비해 새 총리는 청렴하고 꼿꼿한 인물이었다는 점이다.
　　실질적인 왕 노릇을 하게 된 총리는 개혁의 총대를 메고 서민 등골을 빼
먹던 선왕 시절의 총리와 측근들을 추방하거나 처형시켰다. 아울러 부패와
의 전쟁을 선포하며 하는 일 없이 월급만 받아먹는 공무원 수를 대폭 줄이
고 특혜의 온상이던 귀족 연금도 폐지시켰다. 사치스런 옷을 입는 것도 금
지했고, 기본 먹거리에 과중하게 부과되어 서민들을 울리던 세금도 없애버
렸다. 영락없는 서민인 나로서는 우리 사회도 좀 이랬으면 싶은 마음에 부
럽기도 했으니 여기까진 좋았다.

　의욕이 넘친 총리는 유럽에서 스페인의 주도권을 되찾기 위해 펠리페 4세와 의기투합해 선왕의 평화 정책을 깨고 네덜란드와 전쟁을 재개했고 그 와중에 펠리페 3세 말기1618년에 시작된 대규모 종교전쟁에도 뛰어들었다. 유럽 전역에서 피 튀기게 싸우며 30년 동안 이어진 종교전쟁은 결과적으로 스페인에겐 재앙 그 자체였다. 전승국인 프랑스 주도하에 전쟁을 매듭지은 베스트팔렌 조약1648년은 네덜란드를 비롯해 포르투갈까지 잃게 했다. 여기에 펠리페 4세의 딸 마리아 테레사와 프랑스 왕 루이 14세의 결혼 협정까지 포함되어 훗날 스페인 왕위 계승 전쟁에 휘말리게 하는 씨앗이 된다. 귀족들에게 미운 털이 단단히 박혔던 총리는 이를 빌미 삼은 귀족들의 거센 압력으로 1643년에 이미 해임되어 추방되었다.

　스페인을 그렇게 추락시킨 펠리페 4세가 그나마 남긴 업적이라면 예술의 황금시대를 열어준 것이다. 나라를 신하에게 맡긴 그는 예술가들을 후원하는 일에 발 벗고 나섰다. 심지어 당시 궁정에서 유행하던 연극의 대본을 쓰고 몸소 배우가 되기도 했다. 미술에 대한 애정은 특히 각별했다. 이같은 왕의 예술 사랑을 더더욱 부추긴 올리바레스 백작은 아예 극장을 갖춘 레티로 궁을 지어주기까지 했다. 거기엔 그것이 왕으로 하여금 국정에서 더욱 멀어지게 하리란 계산도 들어 있었다. 그 속내도 모른 채 그저 물 만난 고기처럼 그곳에서 살다시피 한 왕은 그림을 있는 대로 사들여 왕실 전시관을 차곡차곡 채웠다. 그 그림들이 지금의 프라도 미술관을 탄생시킨 밑거름이 된 것이다.

1819년에 문을 연 프라도 미술관은 급하게 눈도장만 찍고 넘어가도 다 돌아보려면 발바닥이 아프고 허리도 뻐근할 만큼 규모가 방대하다. 그런데도 소장품의 반의반도 걸지 못한 거라고 하니 차라리 다행이다 싶을 정도다. 하루 종일 둘러봐도 그 작품들을 모두 보기 힘든 이곳에 유난히 긴 줄이 늘어서는 때가 있으니 바로 오후 6시 무렵이다. '공짜라면 양잿물도 마신다'고 이때부터 두 시간 동안은 무료입장이기 때문이다.

스페인의 '스타 화가'
벨라스케스

펠리페 4세 시절의 스타 화가는 단연 디에고 벨라스케스 1599~1660다. 세비야 출신인 그는 스물네 살에 궁정화가가 된 후 '궁정 귀신'

이 되어 궁을 떠났다. 그를 궁정으로 끌어들인 이는 올리바레스 백작이다. 벨라스케스는 1622년 스승이자 장인어른이던 세비야 화가 파체코의 권유로 백작의 초상화를 그린 것을 계기로 이듬해 펠리페 4세의 초상화도 맡게 된다. 그림 속 자신의 모습이 흡족했던 펠리페 4세는 그를 궁정화가로 임명한 후 평생 벨라스케스 외에는 자신의 얼굴을 그리지 못하게 했다.

대체 얼마나 잘 그렸기에 그랬을까? 이는 역사상 가장 유명한 초상화로 꼽는 〈교황 인노켄티우스 10세〉 초상화를 보면 어느 정도 이해가 간다. 평생 궁정에 매여 살던 그에게 왕은 이탈리아 화가들의 작품을 사 오라는 구실로 20여 년 만에 특별 휴가를 내주었다. 그렇게 나선 이탈리아 여행 중에 그린 교황의 초상화는 꼬장꼬장했던 교황의 성격을 그대로 보여준다. 입은 앙다물고 눈썹이 치켜 올라갈 만큼 미간을 찌푸리며 매섭게 노려보는 눈빛은 사진보다 더 리얼하다. 교황 스스로도 처음엔 심기가 불편해 보이는 자신의 모습에 그야말로 불편한 심기를 드러냈지만 나중엔 '너무나 생생하다'며 초상화의 대가에게 칭찬을 아끼지 않았단다.

여행 중에 그린 또 하나의 그림은 스페인 최초의 누드화로 추정되는 〈거울 앞의 비너스〉다. 벌거벗은 비너스가 섹시하게 누워 큐피드가 든 거울을 들여다보는 그림은 사실 당시 스페인 상황에선 영락없는 종교재판감이다. 하지만 그런 그림을 그리고도 무사했던 건 벨라스케스가 그만큼 왕의 총애를 받았다는 증거다. 벌거벗은 비너스는 스페인 귀족들 사이를 은밀하게 오가다 영국으로 건너갔다. 하지만 런던 내셔널갤러리에 걸려 있던 요염한 비너스는 1914년, 한 여성운동가의 칼부림으로 사망 직전에 이르렀다. 고난도 수술 끝에 살아남긴 했지만 지금도 그녀의 등짝엔 당시의 상처가 어럼풋이 남아 있다.

하지만 뭐니 뭐니 해도 벨라스케스의 최고 명작은 〈시녀들 Las Meninas〉이
다. 여행을 마치고 돌아와 그린 이 작품은 왕의 집무실에 고이 모셔져 왕족
과 귀족들만 감상하다 프라도 미술관으로 옮겨지면서 비로소 대중에게 공
개됐다. 그토록 엄청난 작품 수를 자랑하는 프라도 미술관의 하이라이트도
바로 이 〈시녀들〉이다.

그림 안에는 새초롬한 꼬맹이를 중심으로 열한 명의 사람이 등장하고 개
도 한 마리 있다. 무릎까지 꿇어가며 뭐라 뭐라 하는 언니뻘 시녀에게 눈길
도 주지 않는 꼬맹이는 펠리페 4세의 딸 마르가리타 공주다. 벽에 붙은 거
울에 비쳐 보일 듯 말 듯 등장한 남녀는 펠리페 4세 부부다. 이런저런 시종
들과 함께 공주의 무료함을 달래주던 – 인간이라기보다는 흡사 애완견 같
은 취급을 받으며 힘들게 살았다는 – 난쟁이도 있다. 모두 당시의 실존 인
물들이다. 그들 앞에 서니 순간 묘한 기분이 들기도 했다. 그 사람들이 마치
눈싸움하듯 무더기로 나를 빤히 쳐다보고 있으니 대체 누가 관람자인지 헷
갈린다. 숫자에 밀려 오히려 내가 그림이 된 기분이다.

매일 보는 거울은 익숙하면서도 뭔가 이상하다. 오른손을 들면 거울에선
왼손이 올라간다. 오른쪽 눈을 찡긋하면 왼쪽 눈이 윙크한다. 거울이 있어
야만 볼 수 있는 내 모습은 언제나 이렇게 좌우가 뒤바뀌어 있다. 그게 또
한 평생 남들이 보는 내 모습이다.

〈시녀들〉도 사실 화가 앞에 있는 거울 속의 모습이다. 게다가 화가 뒤에
걸린 거울 속엔 국왕 내외가 담겨 있다. 결국 전체적인 구도는 귀퉁이에 서
있는 화가의 시선이 아닌 거울에 비친 국왕 내외가 선 자리, 즉 펠리페 4세

부부가 바라보는 장면이다. 왜 그렇게 시선을 튕겨가며 복잡하게 그린 걸까? 콧수염까지 멋지게 기른 자신을 거울을 통해 왕족들 사이에 이처럼 슬며시, 아니 당당하게 끼워놓고 싶어서였는지도 모른다.

궁정화가라 해도 당시 화가는 지극히 미천한 신분이었기에 벨라스케스의 평생소원은 귀족이 되는 거였다. 화가와 친구처럼 지내던 왕은 고맙게도 미천한 그를 귀족으로 끌어올렸다. 그림 속 화가의 옷 가슴팍엔 산티아고 기사단의 상징인 붉은 십자가가 담겨 있다. 당시 산티아고 기사단 멤버가 되는 건 그리 녹록지 않았다. 순수한 혈통의 명문 귀족만 가입할 수 있기에 조상은 물론 사돈의 팔촌 너머까지 혈통과 직업을 살핀 꼼꼼한 심사에 번번이 떨어졌던 벨라스케스는 결국 펠리페 4세의 입김으로 죽기 1년 전인 1659년에야 꿈에 그리던 기사단 유니폼을 입을 수 있게 됐다. 〈시녀들〉이 그려진 건 1656년이니 당시엔 기사단을 상징하는 십자가를 언감생심 넣을 수 없는 처지다. 그래서 이 십자가를 두고 지금까지도 벨라스케스가 기사단의 일원이 되자마자 덧그린 거라는 설과 이듬해 그가 죽은 후 왕이 그를 위해 그려 넣게 했다는 설이 팽팽하게 맞서고 있다.

벨라스케스의 생명을 단축시킨 건 그가 그토록 원하던 귀족이 된 탓이다. 귀족이 되어 궁정 의전관으로 임명된 그는 그림만 그리던 화가 시절과 달리 궁정 내 자질구레한 일을 도맡아야 했다. 밤낮으로 왕족의 침실을 정리하는 것은 물론 왕실의 모든 행사도 그의 몫이었다. 그 외의 잡다한 업무까지 겹쳐 한시도 엉덩이를 붙일 수 없는 나날이었다. 왕이 궁전에 머물 땐 그나마 다행이지만 수행원들을 대동하고 어디론가 행차할 때가 문제였다. 수백 명에 달하는 수행원들의 교통편과 숙소까지 일일이 챙겨야 하는 일은 내가 봐도 꽤나 골치 아픈 사안이다. 게다가 정치에 무관심한 왕이 그런 행차를 빈번하게 즐겼으니 그야말로 죽을 맛이었을 게다. 격무에 시달리던 그는 결국 1660년 여름 과로사로 세상을 떠났다. 그의 마지막 업무는 프랑스 루이 14세를 만나러 가는 왕의 대대적인 행렬을 꾸리는 거였다. 이는 30년간의 종교전쟁을 매듭지은 베스트팔렌 조약에 의해 루이 14세에게 보내야 하는 딸의 결혼 행차였다. 두 왕 모두 상대방의 영토에 안심하고 들어갈 처지가 아니었기에 결혼식은 양국의 국경지대에서 거행됐다. 전례 없는 수많은 수행원들의 뒤치다꺼리를 해가며 그 먼 거리를 다녀온 직후 벨라스케스는 열병을 앓다 눈을 감았다.

"나는 높은 수준에서 2등이 되기보다는 평범한 수준에서 1등 화가가 되겠다."

평소 벨라스케스가 한 말로, 용의 꼬리가 아니라 뱀의 머리가 되겠다는 뜻이다. 그가 생각한 높은 수준은 도대체 어떤 걸까? 평범한 수준에서 1등 화가가 되고자 했던 그는 이후 평범하지 않은 후배들이 '화가 중의 화가'라며 '엄지 척'을 내세운 인물이다. 궁정화가의 뒤를 이은 고야가 가장 존경한 인물도 바로 그였다. 가까이서 보면 그저 거칠기만 한 붓 터치지만 물러서서 보면 빛과 함께 인물이 생생하게 살아나는 그의 그림은 훗날 인상파 화가들도 혀를 내두를 정도다. "보라, 그는 진정한 리얼리티의 화가다!"라며 치켜세운 파블로 피카소는 벨라스케스 최고의 작품 〈시녀들〉을 무려 쉰여덟 번이나 자기 스타일로 따라 그렸다.

고야가 남긴 이 한마디
"이러려고 태어났는가?"

　　벨라스케스의 까마득한 후배인 고야도 궁정화가 시절, 대선배
가 했던 것처럼 거울을 이용해 왕실 가족 초상화를 그렸다. 그들의 일원이
되고 싶었던 걸까? 선배를 흉내 내 그림 끄트머리 어둠 속에 자신의 모습
을 살짝 끼워 넣은 그림도 있다. 바로 프라도 미술관에 걸려 있는 〈카를로
스 4세 가족〉이다. 고야를 포함해 모두 열네 명이 등장한 이 그림은 1800
년, 아란후에스 여름 별궁에서 그린 것이다.

　하지만 고야처럼 그림으로 왕가를 제대로 조롱한 이도 없을 게다. 토실
토실한 팔뚝을 드러낸 왕비의 표정은 심술쟁이 같고, 훈장을 주렁주렁 단
왕은 아무 생각이 없어 보이는 얼굴이다. 어떤 여인은 딴청을 부리고 꼬맹
이 왕자는 매섭게 노려보고 있다. 나머지는 그저 불만스럽거나 맹한 표정
이다. 그 누구에게서도 왕족의 위엄이나 기품은 찾아볼 수 없다. 그저 돈만
많은 졸부 가족 같다. 게다가 왕이 아닌 왕비를 가운데 자리에 놓은 건 그
녀가 실세임을 비꼰 것이다. 나랏일엔 관심 없고 주야장천 사냥만 하던 왕
이나 바람둥이 왕비, 돼먹지 못한 아들페르난도 7세이 모두 꼴사나웠던 고야의
감정이 고스란히 표출된 초상화다. 심지어 30대 시절 왕비의 초상화는 거
의 할머니 수준이다. 하는 짓이 얼마나 못마땅했으면 그렇게 그렸을까 싶
다. 그럼에도 그 그림들을 왕실에 떡하니 걸어놓은 걸 보면 정말이지 아둔
한 인간들인 듯하다.

고야1746~1828는 사라고사 지역의 작은 시골마을 출신이다. 아버지는 도금업자였다. 그래도 사라고사에서 나름 저명인사였던 스승 밑에서 그림 공부를 했다. 스승의 칭찬에 자신감이 부푼 고야는 열일곱 살 되던 해 마드리드에 입성해 그림대회에 출전했지만 보기 좋게 낙방했다. 3년 뒤 다시 응시했지만 결과는 마찬가지. 당선자는 같이 공부했던 동갑내기 친구였다. 이때 고야가 '빽'이 없어 떨어졌다고 생각한 건 당선자가 심사위원 중 한 사람의 동생이었기 때문이다.

이후 마드리드 낙제생은 미술의 메카인 이탈리아로 건너가 다시금 도전했다. 그곳에서도 역시나 심사위원들의 취향이 중요하단 걸 안 고야는 사전 탐문 끝에 그들이 선호하는 그림을 그려 합격의 영광을 안게 된다. 합격장을 들고 당당하게 고향으로 돌아온 고야는 때마침 사라고사 대성당을 장식할 화가 모집에 발을 내밀었다. 이때도 그의 주특기인 사전 염탐이 빛을 발했다. 어떻게 알아냈는지 경쟁자가 제시한 급료보다 절반가량 뚝 잘라 제시한 거다. 돈 주는 입장에선 당연히 고야행이다.

이 작업은 이미 내정된 고향 선배이자 궁정화가인 프란시스코 바예우와 함께 했다. 바예우는 몇 해 전 당선한 동갑내기 친구의 형이다. 처세술의 대가인 고야는 1773년 바예우의 여동생 호세파와 결혼했다. 처남을 통해 출셋길에 오르고자 하는 꿍꿍이가 다분한 결혼이었다. 그 효과는 금세 나타나 이듬해 처남 연줄로 왕실 벽을 장식할 태피스트리 밑그림 작업을 따냈다. 기회를 놓칠세라 고야는 열과 성의를 다해 너무나 꼼꼼하게 그렸다. 색깔도 모양도 복잡하기 짝이 없는 그의 태피스트리는 당시 그 업계에선 일종의 반칙이었다. 한 올 한 올 실로 엮는 사람들에겐 고역이기 때문이다. 마

드리드 왕립 태피스트리 공장을 둘러볼 때 안내원 말인즉, "1평방미터당 대개 이틀이면 완성되는데 이렇듯 섬세한 작품은 무려 4개월이나 걸린다"고 했다.

그 현란함이 깡촌 출신 고야에겐 출세의 지름길이 되었다. 그동안 접하지 못했던 화려한 태피스트리는 왕실의 주목을 받았고, 급기야 카를로스 3세의 초상화를 그리게 되었다. 그러자 귀족들이 앞다퉈 고야 앞에 섰다. 권력과 부를 뽐내고 싶은 그들은 저마다 한껏 차려 입고 등장했다. 고야는 누구보다 그들의 마음을 잘 아는 고수였다. 그들의 최고급 옷은 고야의 섬세한 붓끝에서 더욱 고급지게 변신했기에 고야의 인기는 하늘을 찔렀다. 그런 고야에게도 약점은 있었으니 바로 손가락이다. 고야는 유독 손가락 그리길

꺼려했다. 손을 포개든지, 아님 주머니에 찔러 넣거나 뒷짐 지는 포즈로 어떻게든 손가락을 밀어냈다. 손가락 수가 그림 값을 매기는 기준이 될 정도였다. 그러니 눈치 없이 양손가락 모두를 그려달라 주문한 사람은 엄청난 돈을 지불해야 했다.

카를로스 4세가 왕위에 오른 직후 고야는 꿈에 그리던 궁정화가가 되었다. 프랑스 대혁명이 일어났던 그해다. 돈도 벌 만큼 버는 데다 명예로운 고액 연봉자까지 된 고야는 자신을 궁정으로 이끈 처남을 은근 무시했다. 한껏 우쭐해진 그는 뚜껑 없는 날렵한 이륜마차도 구입했다. 당시 마드리드에는 울퉁불퉁한 길이 많았다. 때문에 오프로드에 어울리는 4륜구동 마차가 대부분인 곳에서 좀 튀고 싶었던 모양이다. 지금으로 치면 먼지 풀풀 날리는 돌길에서 최신식 오픈 스포츠카를 타고 다닌 셈이다. 그렇게 '자랑질'을 하다가 돌덩이에 걸려 마차가 뒤집어지는 바람에 부상을 입기도 했다.

그런가 하면 초상화 모델이던 귀부인들과 바람을 피우는 것도 모자라 창녀촌을 제집 드나들듯 했다. 고야는 정말이지 대단한 정력가다. 그러면서 틈틈이 아내도 챙겨 호세파는 무려 스무 명이나 되는 자식을 낳았다. 결혼 39년 동안 평생 애만 낳고 속 끓이며 살다시피 한 여인은 말년에 폭삭 늙어 1812년에 죽었다. 하지만 그녀가 남긴 아이 중 어른으로 살아남은 자식은 단 한 명뿐이다.

그랬던 고야는 1792년 고열을 동반한 중병으로 죽다 살아났고, 그 후유증으로 귀머거리가 되었다. 여기엔 지나친 외도도 한몫했다. 당시 스페인 사회는 왕족, 귀족은 물론 성직자, 서민에 이르기까지 애인 하나 없으면 쪼다 취급을 받는 세상이었다. 너도나도 문란한 성생활은 매독을 전염병처럼 확산시켰다. 그 치료법은 독극물이나 다름없는 수은이었다. 수은은 건강한 몸을 소리 없이 갉아먹었다.

고야는 평생 2,000점에 가까운 작품을 남겼다. 행여 병을 이기지 못하고 죽었다면 고야는 아마도 귀족에게 아첨하며 살던 화가로만 남았을 터다. 청력을 잃은 고야는 보는 눈이 달라진다. 달콤한 소리가 사라진 그의 세상은 온통 소리 없는 아우성이었다. 화사하고 말랑말랑했던 화풍을 거두고, 우리의 고야는 부조리한 세태를 고발하는 풍자화가로 돌아선다.

'이성이 잠들면 괴물이 깨어난다'는 부제를 단 판화집 〈변덕〉은 성직자들을 괴물로 묘사하며 부패한 가톨릭 실상을 고발하거나 왕족을 비아냥대는 작품이다. 나폴레옹이 스페인을 점령한 후 한층 더 어두워진 〈전쟁의 참화〉 연작은 잔혹한 전쟁을 통해 짐승과 다를 바 없는 인간의 본성을 보여준다. 수십 장에 달하는 판화를 보다 나도 모르게 눈을 질끈 감은 작품도 부지기수다. 그중 한 장면엔 이런 문구가 붙어 있었다. '이러려고 태어났는가?'

일흔이 훌쩍 넘은 고야는 마드리드 외곽에 일명 '귀머거리 집'이라 불리는 외딴집으로 거처를 옮겨 은둔생활을 했다. 그 집 벽면을 빼곡하게 채운 그림들은 하나같이 소름 끼칠 만큼 괴기스럽다. '검은 그림'이라 일컫는 열네 개의 작품 중 가장 유명한 건 〈자식을 잡아먹는 사투르누스〉다. 자식들이 자신의 자리를 뺏을 것이란 예언을 믿은 아버지가 그 자식들을 잡아먹는다는 신화의 한 장면이다. 이를 두고 고야 전문 작가 홋타 요시에는 스무 명 중 열아홉 명이나 되는 자식을 먼저 보낸 아버지의 죄책감일 거라고도 했다.

나폴레옹 군대가 스페인을 점령했던 당시 카를로스 4세와 그 아들은 참

으로 한심했다. 나라는 그 꼴인 와중에 무능한 왕과 아버지 자리를 노린 미련한 아들 간에 꼴사나운 자리싸움이 벌어지자 나폴레옹은 협의를 명목으로 그들을 프랑스로 불러들여 감금시키고 자신의 형을 스페인 왕위에 덜컥 앉혀버렸다. 자신들의 왕족은 볼모로 잡히고 듣도 보도 못한 딴 나라 인간이 왕이랍시고 앉아 있으니 국민들은 억장이 무너질 일이다. 그런 국민들이 끈질기게 저항한 끝에 결국 1813년, 나폴레옹 군대를 몰아내면서 페르난도 7세가 돌아왔다. 하지만 카를로스 4세 부부는 스페인에 발을 들이지 못했다. 왕이 된 페르난도 7세가 허락하지 않았기 때문이다. 국민들이 5년 동안 목숨 걸고 싸울 때 아무것도 하지 않았던 페르난도 7세는 국민들이 만든 입헌군주제 헌법도 거절했다. 오로지 자신만이 법이란 얘기다. 나폴레옹 군대에 맞서 싸운 국민들 상처에 소금 팍팍 뿌려 빡빡 문지른 셈이니 호래자식도 모자라 '호래군주'가 된 최악의 인간이다.

그러자 수석 궁정화가였던 고야는 1821년 모든 걸 내려놓고 프랑스로 떠났다. 절대왕정을 거부하고 입헌정부를 지지해 왕에게 미운털이 박힌 탓으로 사실상 망명이나 다름없는 행보였다. 노쇠한 그는 건강 악화로 1828년 봄, 여든둘에 프랑스 보르도에서 눈을 감았다.

고야는 죽어서도 편치 않았다. 장례식은 그럴싸하게 치러졌지만 시신은 보르도에 묻힌 사돈 무덤 한 귀퉁이에 묘비도 없이 묻혔다. 그렇게 60년간 사돈에게 얹혀 있다 마드리드로 옮기려 할 때는 난감한 상황이 벌어지기도 했다. 관은 이미 썩어버려 흔적도 없는 가운데 두 사람의 유골이 어지럽게 섞여 누가 누군지 알 수가 없었던 거다. 게다가 머리는 하나뿐이었다. 검사 결과 머리 주인은 고야의 사돈이었다. 누군가 고야의 머리를 훔쳐 간 것이

다. 그 상태로는 당장 옮기기 어려워 일단 무덤을 덮었다. 10여 년의 세월
이 흐른 1901년에야 비로소 머리 없는 고야의 유골이 조국 땅으로 돌아왔
다. 작은 교회에 묻혔던 그의 유골은 18년 후 다시 한 번 이장되어 지금은
마드리드의 산 안토니오 데 라 플로리다 성당에 안치되어 있다.

　"세월도 화가다."

　한 번 그린 그림에 다시는 손대지 않았던 고야가 남긴 말이다. 그랬던 고
야의 뼈대는 너무나 많은 손을 탔다. 죽음의 문턱 앞에서도 붓을 놓지 않았
던 고야는 생전에 꽤 많은 재산을 악착같이 모았다. 하지만 아버지 돈만 믿
고 놀고먹으며 평생 일이란 걸 해본 적 없는 아들과 손자가 그 재산을 다
털어먹었다. 참으로 인생무상이다.

　　　　자부심 강한 그 '잘난 피'가 부른
　　　　합스부르크 가문의 비애

　　　프라도 미술관 앞 도로 건너편에는 유독 눈길을 끄는 기념품점
이 있다. 2층 발코니에 줄줄이 서서 물끄러미 내려다보는 이들 때문이다.
궁정 복장을 한 이들은 모두 벨라스케스의 그림 속 주인공들이다. 자신들
을 들여다보고 나온 나를 이젠 그들이 내려다보고 있으니 다시금 기분이
야릇해진다. 조명을 받아 더욱 눈부시게 보이는 유리 진열장 안엔 화려한
드레스를 입은 마르가리타 공주가 수도 없이 서 있다.

　부러우면 지는 거라 했던가. 머리부터 발끝까지 럭셔리 한 꼬마공주는

정말이지 세상 부러울 것 없어 보이니 일단은 내가… 졌다. 하지만 그녀의 일생을 보면 부러워할 게 하나 없다. 오히려 요 꼬마가 나를 부러워할 것도 같으니 이젠 무승부다. 공주도 좋고 왕비도 좋지만 무엇보다 요상한 합스부르크 가문에서 태어나지 않은 게 천만다행이다.

유럽에서 가장 긴 역사와 전통을 자랑하는 합스부르크 가문도 애초엔 알프스 북부 산악 지대의 작은 영주에 불과했다. 별 볼 일 없던 집안이 불쑥 일어난 건 그 영주가 1273년 신성로마제국 황제루돌프 1세로 선출되면서부터다. 황제가 된 것만으로도 입이 귀에 걸릴 만큼 기쁜 일이건만 이를 계기로 오스트리아 땅까지 얻는 횡재도 했으니 그야말로 '경사 났네~ 경사 났어~'다.

그렇게 시작된 오스트리아 합스부르크 가문은 혈통을 유지하기 위해 근친혼을 거듭했다. 그 사이에서 태어난 자녀들은 정략결혼으로 유럽 곳곳의 왕실로 퍼져나갔다. 줄줄이 이어지는 그 후손들 역시 결혼 상대가 사촌이거나 고모 조카 사이, 아니면 삼촌 조카 사이다. 이건 뭐, 완전 콩가루 집안이다. 오스트리아 피를 받은 스페인 합스부르크 가문도 예외는 아닌지라 꼬마공주 마르가리타도 일찌감치 외삼촌인 오스트리아 왕 레오폴트 1세의 신붓감으로 낙점됐다.

벨라스케스는 해마다 사진 찍듯 꼬마공주의 초상화를 그렸다. '올 공주님이 요렇게 생겼어요~'를 알려주는 증명사진인 셈이다. 세 살배기 꼬맹이가 시댁에 보내질 초상화를 위해 허리를 바짝 졸라맨 드레스를 입고 몇 시간씩 화가 앞에 서 있는 것도 고문일 터였다.

사진을 찍다 보면 내 얼굴이 실물보다 나아 보일 때도 있고 그보다 못하게 나올 때도 있다. 내 얼굴은 똑같은데 말이다. 하물며 초상화야 그리는 사

람 마음대로다. 근데 공주가 못생겼다면 화가는 어떻게 해야 할까? 있는 그
대로 그려야 할까, 아님 적당히 '뽀샵' 처리해주는 게 예의일까. 마르가리
타는 어릴 적엔 그런대로 귀엽고 예쁜 모습이었지만 커갈수록 주걱턱이 점
점 불거진다. 벨라스케스도 딸처럼 여긴 공주의 주걱턱을 최대한 들이밀어
결점을 가려주곤 했지만 그것도 한계가 있어 그가 그린 마지막 초상화에는
공주의 얼굴에 주걱턱이 살짝 불거져 있다.

합스부르크 가문의 트레이드 마크인 주걱턱은 근친결혼 탓이다. 나이가
들수록 점점 심해지는 주걱턱의 저주는 단순히 외모만 망친 게 아니라 단
명까지 초래해 자손들 대부분이 어린 나이에 세상을 떠났다. 그도 그럴 것
이, 심한 주걱턱 때문에 입을 제대로 다물지 못하는 데다 음식도 제대로 씹
을 수 없어 꿀떡꿀떡 삼키다 보니 늘 소화불량에 시달렸다. 그래서 물 같은
음식만 먹으니 영양실조로 면역력이 떨어져 가벼운 감기조차 이기지 못하

고 맥없이 죽어버린 것이다.

마르가리타가 열다섯 나이에 사랑이 뭔지도 모르고 삼촌과 결혼해 왕가를 위해 부지런히 애를 낳다 결혼 7년 만에 네 번째 출산 도중 스물둘 나이에 요절한 것도 자부심이 하늘을 찌르는 그 '잘난 피' 때문이다. 그나마 아무 존재감 없이 사라진 공주들에 비해 벨라스케스가 남긴 초상화들로 인해 지금껏 사람들의 입에 오르내리는 그녀와 관련된 또 하나의 흔적은 바로 다이아몬드다. 펠리페 4세가 딸의 결혼 지참금으로 들려 보낸 35캐럿짜리 '딥 그레이 블루 다이아몬드'가 2008년 세상에 나와 당시 우리 돈 331억 원가량에 팔렸다. 주걱턱으로 평생 괴로워했을 공주도, 그녀의 빛나는 다이아몬드도 그다지 부럽진 않다.

프랑스 '태양왕' 루이 14세 손자가 세운
마드리드 왕궁

　스페인 왕실의 상징인 마드리드 왕궁은 가급적 호젓하게 둘러보고 싶어 아침 일찍 숙소를 나섰다. 번잡함을 피하고자 서두른 발길에 마드리드는 여느 풍경과 다른 모습을 보여주었다. 무엇보다 왕궁으로 향하는 길목마다 마주한 텅 빈 거리는 온전히 나만을 위한 거리 같아 괜히 뿌듯하기까지 했다.

　왕궁 앞에 도착해서도 한 시간은 족히 기다려야 했기에 어슬렁어슬렁 주변을 맴돌았다. 왕궁을 둘러싸고 이쪽저쪽으로 이름을 달리해 자리 잡은 수백 년 묵은 공원들은 넓기도 하거니와 이런저런 볼거리도 많았다. 시간을 때우려고 했는데 오히려 시간이 모자랄 정도다. 아니나 다를까, 오픈 시간이 훌쩍 넘어서야 왕궁 앞에 오니 때마침 위병 교대식이 한창인 통에 애초 바라던 호젓한 왕궁 관람은 물 건너가고 말았다. 그래도 아침 햇살을 받아 상큼하기 그지없던 공원 산책을 했으니 그걸로 족하다.

　마드리드 왕궁은 펠리페 2세가 수도를 마드리드로 옮기면서 이슬람 요새였던 자리에 세운 궁전이다. 하지만 이 궁전은 1734년 크리스마스 때 화재를 입었다. 건물이 전소되면서 숱한 왕실 보물들이 흔적도 없이 사라졌다. 그나마 다행인 건 화재 직전 많은 왕실 소장품들이 레티로 궁전으로 둥지를 옮겼고, 벨라스케스의 〈시녀들〉은 불이 나자마자 누군가 창문 밖으로 던져 살아남았다는 점이다.

　같은 자리에 지금의 왕궁을 세운 건 펠리페 5세1683~1746다. 태양왕 루이

14세 손자인 그는 어린 시절의 향수를 달래기 위해 자신이 살았던 베르사유 궁전처럼 지을 것을 명했다. 화재로 식겁했기에 모든 자재는 돌만 쓰라는 명령도 내렸다. 1738년에 시작해 26년 만에 완공된 궁전이 지금의 모습이다. 그러나 새로운 궁전에 처음 입주한 왕은 정작 펠리페 5세가 아닌 그의 아들 카를로스 3세다. 이후 1931년까지 국왕의 공식 거처였지만 지금은 국가적 행사가 있을 때만 상징적으로 사용한다. 현재 국왕이 사는 곳은 마드리드 근교에 있는 사르수엘라 궁이다.

그런데 왜 뜬금없이 루이 14세의 손자가 와서 이곳에 궁을 지었을까. 역시나 합스부르크 가문의 주걱턱 때문이다. 다섯 명이나 되는 펠리페 4세의 아들 중 유일하게 살아남은 카를로스 2세1661~1700는 합스부르크 가문의 자손 중 가장 심한 주걱턱으로 고생했던 인물이다. 아버지의 죽음으로 네 살 때 왕이 됐지만 선천적으로 약골인 데다 사는 내내 제대로 먹지도 못하고 늘 침만 질질 흘려 암암리에 '백치왕'이라 불렸다. 간질병까지 겹쳐 죽는 날까지 골골대면서도 40년 가까이 버틴 건 대단하다. 그 몸에 결혼도 두 번이나 했지만 결국 자식 하나 남기지 못하고 세상을 떠나고 말았다.

그렇듯 대책 없이 비어버린 스페인 왕좌를 차지하기 위해 합스부르크 피를 나눠 받은 유럽 왕가들 간에 피 튀기는 신경전이 벌어졌다. 특히 오리지널 합스부르크 가문인 오스트리아와 프랑스의 경쟁이 치열해 무려 13년 동안이나 왕위 계승 전쟁을 벌였다. 결과는 프랑스의 우세승. 압승이 아닌 건 스물네 살 펠리페 5세가 스페인 왕으로 인정받는 대신 향후 프랑스 왕위 계승권은 영원히 포기해야 하는 조건이 붙었기 때문이다. 이로써 스페인은 합스부르크 왕가 시대를 마감하고 프랑스 부르봉 왕가 시대를 열게 된다.

아이러니하게도 현재 프랑스의 부르봉 왕가는 단절되었지만 스페인의 부르봉 왕가는 2014년 왕위에 오른 펠리페 6세1968년생까지 이어지고 있다.

부르봉 왕가 후손의 입김으로 베르사유 궁전 못지않게 호화롭게 지은 마드리드 왕궁은 방만 해도 2,800여 개에 이른다. 그중 관람객들에게 개방되는 건 50개 정도뿐이다. 제각각 다른 분위기를 자아내는 방엔 역대 유명 화가들이 남긴 작품도 엄청나고 다양한 왕실 보물들도 부지기수다. 아울러 세계 최고의 수제 악기 명가로 일컬어지는 스트라디바리우스 현악 5중주 세트까지 완벽하게 갖춘 곳은 이곳뿐이다.

마드리드 시내를 요리조리 누비는
흥겨운 맥주자전거

휴대폰도 삐삐도 없던 1970~80년대 서울에서 가장 유명했던 약속 장소는 종각 옆에 있던 종로서점이었다. 토요일 오후쯤 되면 연인이나 친구를 기다리는 청춘들로 미어터져 지나가는 행인까지 애를 먹곤 했다. 우리에겐 그 명소가 사라졌지만 마드리드에는 '태양의 문'이란 의미인 솔 광장Puerta del Sol이 그 역할을 톡톡히 하고 있다. 저렴한 숙소들도 유난히 많아 낮이고 밤이고 현지인은 물론 관광객까지 북적대는 솔 광장은 특히 '불금' '불토'를 즐기러 몰려드는 청춘들로 바글바글하다. 다양한 거리 공연까지 가세하다 보니 활기가 넘치다 못해 혼을 쏙쏙 빼놓는다.

마드리드의 모든 길은 솔 광장에서 뻗어나간다. 광장 끄트머리에서 사

방팔방으로 이어지는 거리는 모두 아홉 줄기다. 마드리드 왕궁, 마요르 광장, 마드리드 번화가인 그란비아 거리, 시벨레스 광장 가는 길도 다 이곳에서 시작된다. 솔 광장이 '만남의 광장'이 된 건 그 옛날 유일하게 소식을 전하고 받을 수 있는 우체국이 있었던 연유도 있다. 그 우체국 건물이 지금의 마드리드 자치정부 청사다. 청사 앞에는 수도인 마드리드에서 스페인 각 지역의 거리를 재는 기준점인 'km.0' 표시가 있다. 이 석판에 발을 얹으면 마드리드에 다시 온다는 설로 인해 여행자들이 빼놓지 않고 들르는 포인트가 되었다.

　　우리는 매년 12월 31일 밤 보신각 종소리를 들으며 새해를 맞이하지만 스페인에서는 바로 이 청사 탑에서 울리는 종소리를 들으며 새해를 맞는

다. 특히 자정을 기해 울리는 열두 번의 종소리에 맞춰 포도 알을 하나씩 먹으면 행운이 깃든다 하여 종이 울릴 때마다 저마다 오물오물 포도를 먹는 게 이곳의 전통이다. 또 언젠가부터 광장 한편에 있는, 나무열매를 먹으려 앞발을 치켜든 곰의 발뒤꿈치를 만지며 기도하면 소원이 이루어진다는 소문이 퍼져 뒤꿈치가 아주 금빛으로 반질반질하다. 이래저래 사람들을 유혹하는 광장이다.

그런 솔 광장에서 눈여겨보지 않아도 눈에 들어오는 게 바로 카를로스 3세 기마상이다. 카를로스 3세 1716~1788는 지금의 마드리드 뼈대를 세운 왕이다. 펠리페 5세 뒤를 이은 이복형 페르난도 6세가 후손 없이 죽는 바람에 마흔셋 늦깎이로 스페인 왕이 된 카를로스 3세는 본래 나폴리의 왕이었다. 1759년에 부름 받아 마드리드로 온 그는 도시의 첫인상에 기겁했다. 세련된 나폴리에서 살다 온 그의 눈엔 후져도 이렇게 후진 도시가 없었다.

무엇보다 당시 마드리드엔 돌을 던지면 십중팔구 수도사 아니면 거지가 맞는다 할 정도로 거지가 들끓었다. 마드리드 거지는 일종의 직업이나 마찬가지였기에 구걸도 뻔뻔할 만큼 당당하게 했단다. 불쌍한 자에게 자비를 베풀어야 한다는 마음이 뿌리 깊게 박힌 스페인에서는 거지의 구걸에 자비를 베풀 수 없는 처지라면 최소한 "신의 가호가 있기를…" 하는 소리라도 건네는 게 관례였다.

온통 돌투성이인 거리도 요상했다. 돌의 뾰족한 부분이 죄다 위로 솟아 있어 걷기도 불편한 데다 변변찮은 신발을 신은 이들은 발바닥이 멍들고 까져서 피가 나기 일쑤였다. 편편한 부분을 바닥에 깔아야 돌이 흔들거리지 않는다는 이유에서였다. 길도 그 모양인 데다 쓰레기는 사방에서 발에 차이고 집집마다, 그것도 아침마다 오물통을 도랑처럼 오목하게 파인 도로 한복판에 쏟아부으니 더러운 건 물론 하루 종일 지린내가 코를 자극했다. 게다가 가로등이 없는 밤길은 너무나 컴컴해 뾰족한 길 위에서 넘어지기 십상이었다. 그런 밤에 바닥에 질질 끌릴 만큼 긴 망토를 걸치고, 눌러쓰면 누가 누군지 얼굴도 못 알아볼 만큼 넓은 챙모자를 쓴 남자들이 활개를 치고 다니니 여자들은 집 밖을 나서기가 두려울 정도였다.

이 모든 걸 견딜 수 없었던 카를로스 3세는 나폴리에서 호흡을 맞췄던 에스킬라체 총리를 호출해 대대적인 개선책을 내렸다. 우선 도로에 깔린 돌을 일일이 뒤집어 편하게 걸을 수 있게 했다. 그랬더니 마드리드 시민들이 맹렬히 반대하고 나섰다. 오물 처리를 위해 하수도를 까는 것도 시민들은 기를 쓰고 반대했다. 이제껏 잘 지내왔는데 왜 스페인 스타일을 뒤집느냐, 그러면 더 이상 마드리드가 아니다, 라는 이유였다. 가로등 설치에도 반대 여론이 들끓었다. 사실 시민들이 번번이 딴지를 건 진짜 이유는 그것을 실행하는 총리 에스킬라체가 외국인이기 때문이었다.

그럼에도 꿋꿋하게 도시 개선책을 강행한 카를로스 3세와 에스킬라체는 스페인 전통 복장인 챙 넓은 모자와 망토 착용을 엄격히 금하고, 프랑스풍의 옷과 가발을 착용하고 삼각모자를 쓰라는 명령까지 내렸다. 챙 넓은 모자와 긴 망토는 범죄자가 신분을 감추고 도망가는 데 쓰이기 좋다는 이유에서였다. 그러나 당시 스페인에서 속옷을 일주일에 한 번이라도 갈아입을 수 있는 이들은 상류층뿐이었다. 물이 귀한 터에 빨래도 쉽지 않았기 때문이다. 긴 망토는 외출 시 그 더러운 옷을 감추기에 딱이었다.

스페인에는 '명령에는 복종하되, 실행하진 않는다'는 속담이 있다. 고집

도 세거니와 출신지에 대한 자부심과 집착이 강한 스페인 사람들의 성향
에서 생겨난 말이다. 딴 나라 사람이 스페인을 뒤흔드는 게 지극히 못마땅
했던 마드리드 시민들은 역시나 명령에는 복종하되 실행하지는 않았다. 그
러자 가위를 들고 나선 단속반이 보이는 족족 모자의 챙과 망토를 싹둑싹
둑 잘라냈다. 이것이 화근이었다. 자신들의 전통을 무시한 것에 분통이 터
진 시민들은 폭동을 일으켰고 에스킬라체 집으로 몰려갔다. 다급해진 에스
켈라체는 자신이 금지시킨 챙모자와 망토를 둘둘 감고 마드리드 근교에 있
는 아란후에스 별궁으로 간신히 몸을 피할 수 있었다. 그러나 결국 에스킬
라체가 나폴리 대사라는 허울 좋은 명목으로 쫓겨남으로써 폭동이 마무리
되었다.

　이로써 챙모자가 삼각모자를 이기는 듯했으나 또 다른 한마디가 결국 챙
모자와 망토를 벗기고야 말았다. '사형집행인은 반드시 챙모자와 긴 망토
를 걸칠 것!' 자신들의 전통 복장이 망나니 유니폼으로 변한 탓이다. 거친
바람이 죽다 깨나도 벗기지 못했던 나그네의 옷을 뜨거운 태양이 제풀에
벗게 한 옛이야기처럼, 마드리드 사람들은 그 한마디에 챙모자와 긴 망토
를 조용히 벗어던졌다.

　이처럼 자존심을 내세우며 미적거리는 시민들로 인해 애를 먹긴 했지만
솔 광장에서 갈래갈래 퍼져나간 도로와 가로등, 상하수도와 쓰레기 수거
시스템 같은 편리한 시설은 카를로스 3세 시기에 정착된 것이다. 프라도 미
술관도 애초 카를로스 3세 때 지은 자연과학 박물관의 변신물이고 밤에 보
면 더 아름다운 시벨레스 분수, 개선문을 닮은 알칼라문도 그의 작품이다.
이처럼 다양한 업적이 현재 국왕의 아버지 후안 카를로스 1세가 솔 광장에

카를로스 3세 기마상을 세운 이유다.

시벨레스 분수가 있는 광장은 축구 명가 레알 마드리드 팀이 프리메라 리그나 주요 경기에서 우승한 날 시민들과 함께 한바탕 잔치를 벌이는 곳으로 유명하다. 평상시에는 분수 출입이 엄격하게 금지되지만 그날이면 선수들이 뛰어들어 헹가래를 치는 게 하나의 전통이 되었다.

그 난리를 피우고 다져진 마드리드 도로에서 인상적이었던 건 맥주자전거다. 토끼처럼 쌩쌩 달리는 차들 틈에서 거북이처럼 느려터지게 움직이는 포장마차 같은 걸 본 순간 '저건 뭐래' 싶었다. 열 명 남짓 되는 사람들이 발바닥에 땀나도록 페달을 밟으며 아주 천천히 다가왔다. '땡볕에서 왜들 저러시나' 싶었는데 포장마차가 다가올수록 술 냄새가 폴폴 풍긴다. 맥주를 마시며 마드리드를 둘러보는 자전거였다. 그럼 음주자전거? 술 마시는 탑승객들은 끊임없이 발만 움직이고 운전자는 따로 있으니 그건 아니다. '술 마시고~ 노래하고~ 춤까지 추는' 청춘들을 카메라에 담으려 하니 V자를

그려가며 노랫소리도 더 커지고 춤사위도 더 커진다. 오메~~ 애주가인 나
로선 연간회원권을 끊고 싶은 마음이다.

　파리에 뤽상브르 공원이 있다면 마드리드엔 레티로 공원이 있다. 펠리페
4세가 애지중지하던 레티로 궁에 딸린 왕가의 정원으로, 시민들에게 개방
된 건 1868년부터다. 관광객보다 현지인이 더 많은 레티로 공원은 어디부
터 가야 할지 고민될 만큼 드넓은 곳이다. 느긋하게 산책하는 사람도 많고
땀을 뻘뻘 흘리며 조깅하는 사람도, 자전거를 타는 사람도 부지기수로 많
다. 공원에 널린 카페에서 커피나 맥주를 마시며 쉬어 가기도 안성맞춤이
다. 사람들과 익숙해진 참새들은 겁도 없이 테이블을 휘젓고 다니며 천연
덕스럽게 빵부스러기를 쪼아 먹는다.

　마드리드의 산소 같은 정원은 연인들의 호수로도 유명하다. 분수가 퐁퐁
솟구치는 넓은 호수에는 노 젓는 배를 타는 커플들이 유난히 많다. 누구의
방해도 받지 않고 그들만의 데이트를 즐기기엔 딱 좋지 싶다. 그 호숫가에

서 민망할 정도로 작은 수영팬티만 걸치고 해바라기를 즐기는 사람들의 모습도 레티로 공원에서 마주치는 한 풍경이다.

"이 그림,
당신들이 그린 거잖아!"

알칼라문으로 들어와 레티로 공원 끝자락으로 나오면 아토차역이다. 이 근방에는 후안 카를로스 1세 왕비의 이름을 딴 '레이나 소피아 국립미술관'이 있다. 스페인 내전 이후 독재자 프랑코의 팍팍한 통치로 숨죽였던 예술을 살리기 위해 왕비님이 발 벗고 나서 만든 예술센터다. 프라도 미술관이 과거의 미술관이라면 이곳은 20세기 작품들이 모여 있는 현대의 미술관이다. 건물 형태도 지극히 현대적이지만 그 뼈대는 역시나 카를로스 3세 때 지은 산 카를로스 국립병원이다.

모나리자 여사가 루브르 박물관행을 유혹하는 일등공신이라면 이곳에선 〈게르니카〉가 그 역할을 담당한다. 그린 이는 가타부타 말이 필요 없는 파블로 피카소 아저씨. 그러나, 모나리자만큼 편안하게 볼 수 있는 그림은 아니다. 너무나 가슴 아픈 전쟁의 비극이 깃든 작품이기 때문이다.

게르니카는 스페인 북부에 있는 작은 마을이다. 스페인 내전이 한창이던 1937년 4월 26일, 이 작은 마을은 한순간에 초토화되고 만다. 내전에서 불리해진 프랑코가 불러들인 히틀러 공군의 무차별 폭격 때문이다. 하필이면 장날이다. 마을 주민 대부분이 나와 물건을 사고팔고 삼삼오오 모여 술도

한잔 마셔가며 떠들썩했을 현장이다. 당시 은밀하게 전쟁을 준비하던 히틀러는 신형 폭격기와 전투기를 구비하고 그 성능을 실험하려던 참이었다. 그런데 고맙게도 프랑코가 불러주니 마침 잘됐다 싶었을 게다. 제2차 세계대전에서 맹활약을 펼친 폭격기와 전투기들은 바로 이 작은 마을에서 원 없이 성능을 실험한 것들이다. 무차별 폭격을 받은 마을은 그야말로 순식간에 아수라장이 되었다. 군인도 아닌 애먼 마을 사람 수천 명이 영문도 모른 채 처참하게 죽었고 팔다리가 잘려나갔다.

　전 세계가 경악한 게르니카 마을의 비극은 파리에 있던 피카소 귀에도 들어갔다. 스페인 대표로 파리 만국박람회에 걸 작품 주제를 찾지 못해 몇 달 동안 고심하던 피카소는 게르니카 학살 소식을 듣자마자 바로 붓을 들었다. 역시나 천재 화가란 명성답게 가로 7.8미터, 세로 3.5미터에 달하는

거대한 그림을 한 달 만에 뚝딱 완성한 피카소는 재치도 만점이다. 박람회에 걸린 〈게르니카〉를 본 한 독일장교가 "이게 당신이 그린 건가?" 하고 묻자 주저 없이 쏘아붙인 피카소의 이 한마디. "당신들이 그린 거잖아." 이보다 멋진 복수가 또 있으랴.

찢겨나간 팔다리가 여기저기 나뒹굴고, 죽은 아이를 끌어안고 오열하는 엄마에 짐승들도 울부짖는 〈게르니카〉는 빛바랜 흑백사진 같은 분위기다. 핏빛을 상징하는 붉은색은 일절 없다. 그런데도 피카소의 분노와 증오가 담긴 그림을 보노라면 그 안에서 아비규환의 절규가 생생하게 새어 나오는 것만 같다.

박람회가 끝난 후 〈게르니카〉를 들고 유럽을 돌며 그 참상을 알리던 피카소는 결국 프랑코가 스페인을 장악했다는 소식을 접하게 된다. 게다가 제2차 세계대전까지 터지면서 유럽 전역이 전쟁터가 되자 〈게르니카〉와 함께 미국으로 건너갔다. 이때 〈게르니카〉는 스페인 정부 소유물이니 '얼른 들고 오라'는 프랑코의 요구를 단호하게 거절한 피카소는 스페인이 자유국가가 되기 전엔 발을 들이지 않을 거라 선언했다. 그리고 '스페인이 자유를 되찾는 날 프라도 미술관으로 보내라'는 조건으로 보란 듯이 〈게르니카〉를 뉴욕 현대미술관MOMA: Museum of Modern Art에 무기한 대여했다. 그러나 훗날 〈게르니카〉는 돌아왔지만 피카소는 자신의 말대로 영원히 스페인으로 돌아오지 못했다. 독재자 프랑코보다 먼저 죽었기 때문이다. 프랑코는 피카소보다 2년을 더 살았다.

견물생심이런가. 프랑코가 죽은 뒤 스페인이 피카소의 유언대로 그림을 돌려달라고 했건만 모마MOMA는 안전이니 뭐니 하는 핑계로 쉽사리 내

주질 않았다. 결국 여론에 밀려 〈게르니카〉를 내보낸 건 1981년. 태어난 지 44년 만에 고국으로 돌아온 〈게르니카〉는 피카소의 뜻대로 프라도 미술관에 머물진 못했다. 19세기 이후 작품은 소장하지 않는다는 프라도 미술관의 원칙 때문이다. 제아무리 피카소라도 전통을 깰 순 없기에 후안 카를로스 1세 사모님이 건립한 레이나 소피아 국립미술관에 고이 모셔졌다. 그 이후 '외부 출입 금지' 법안까지 통과돼 〈게르니카〉는 이제 영원히 스페인을 떠날 수 없는 '국보급'이 되었다.

매력 만점 며느리가 살려놓은
스페인 왕실

후안 카를로스 1세는 스페인 내전의 빌미를 제공하며 1931년 왕위에서 쫓겨난 알폰소 13세의 손자다. 1936년에 시작된 스페인 내전은 국민이 선택한 인민전선공화국 정부에 반기를 든 군부세력 간의 전쟁이다. 당시만 해도 스페인은 왕족과 귀족, 교회, 군부에 의해 좌지우지되는 세상이었다. 이에 억눌렸던 사람들이 1936년 총선거에서 중산층과 노동자, 농민을 대변하는 인민전선에 힘을 실어 공화국 정부를 출범시켰다. 그러나 몇 개월 지나지 않아 프랑코 장군이 쿠데타를 일으켰고 히틀러가 가세하면서 수많은 시민들이 무참히 학살당했다. 이에 다른 나라의 지성인들이 개인 자격으로 인민전선 측에 참여하면서 이 전쟁은 내전을 넘어 전 세계 양심 세력과 파시즘 세력 간의 싸움으로 번졌다. 불행히도 전쟁은 프랑코군

의 승리로 끝났고 스페인은 1939년부터 36년 동안 프랑코 독재 치하에서
신음해야 했다.

　1975년 프랑코 사망 후 왕위에 오른 후안 카를로스 1세는 '왕은 군림하
되 통치하지 않는다'며 입헌군주제로 헌법을 개정해 스페인 민주주의를 정
착시킨 인물이다. 그로 인해 국민의 존경을 받아온 그였지만 2014년 6월,
재위 39년 만에 스스로 물러났다. 예전에 비하면 그저 나라의 얼굴마담 역
할뿐인 왕이지만 살아생전 왕 자리를 내주지 않는 불문율을 깨고 아들에게
물려준 데에는 다 그만한 이유가 있다.

　한동안 잘나가던 스페인 경제는 2008년 세계 금융 위기에 맥없이 무너져
수많은 국민들을 거리로 내몰았다. 2016년 여름과 가을, 마드리드는 물론
다른 도시에서도 '도와달라'는 종이쪽과 동전통을 앞에 놓고 구걸하는 이

들을 심심찮게 보곤 했다. 남녀를 불문하고 20대 젊은이부터 70대 노인까지 연령층도 다양했다. 대부분 아주 멀끔한 차림에 어느 누구도 애써 구걸하려는 행위는 보이지 않고 점잖게 앉아만 있는 모습이 오히려 안쓰럽기까지 했다. 9년 전에 왔을 때만 해도 이렇진 않았었는데.

솔 광장 지하철역이 2013년 9월부터 3년 동안 영국 통신사 이름을 붙여 '보다폰 솔vodafone sol'이었던 것도 다 돈 때문이다. 재정난에 시달리던 마드리드시가 사람들이 가장 많이 몰리는 솔 광장 지하철역 이름에 '보다폰'을 붙이는 조건으로 300만 유로를 받았단다. 만약 우리 서울역에 '아이폰서울역'이란 이름이 붙는다면 어떨까? 참으로 씁쓸할 것 같다.

그렇게 국민들이 허덕이는 상황에서 왕실의 사치와 부패 행태가 도마에 올랐다. 후안 카를로스 1세가 왕비가 아닌 애인과 코끼리 사냥을 겸한 호화로운 아프리카 여행을 한 것도 모자라 그의 딸 크리스티나 공주님은 남편과 함께 스포츠 비영리법인을 만들어 공금 600만 유로를 빼돌렸고, 유령회사를 통해 돈세탁에 세금까지 탈루한 사실이 속속 드러났다. 그 돈으로 호화 저택을 사고, 외국에서 화려한 휴가도 즐기신 공주님 부부는 나란히 법정에 서야 했다. 여기에 국민들의 눈초리가 고울 리 없다. 항간에선 군주제 폐지 목소리도 들려왔다. 이것들이 바로 후안 카를로스 1세가 '무제한 임기'를 내려놓고 자진 퇴위한 이유다.

아버지 뒤를 이은 외동아들 펠리페 6세1968년생는 지극히 검소한 즉위식을 치렀다. 크리스티나는 동생에 의해 공주 직위를 박탈당함은 물론 즉위식에도 초대받지 못했다. 이렇게 추락한 왕실 이미지를 살짝 올려놓은 이는 새 왕비 레티시아1972년생다. 요즘 스페인에서 이 젊은 왕비의 인기는 유명 스타 저리 가라다. 단지 '한 외모' 하는 데다 패션 센스까지 뛰어나서가 아니다.

레티시아는 스페인 최초의 평민 출신 왕비다. 게다가 고등학교 때 선생님과 결혼했다 1년 만에 이혼도 했다. 유명 앵커였던 그녀는 미국의 9·11 테러 당시 현장에서 직접 마이크를 잡았고, 이라크전쟁 발발 즉시 달려가 종군기자로 맹활약하던 열혈 여인이다. 그런 커리어우먼이 '훈남 왕세자'와 비밀연애 끝에 약혼 발표를 했을 때 보수 성향이 강한 가톨릭 사회는 평민인 데다 이혼녀, 게다가 결혼 시절 낙태까지 한 여인이 스페인의 신데렐라가 되는 건 옳지 않다며 여기저기서 술렁댔다.

하지만 사랑보다 강한 힘이 어디 있으랴. 족벌이나 조건, 시선까지 묻지도 따지지도 않고 오로지 사랑으로 똘똘 뭉친 두 사람은 반대를 무릅쓰고 2004년 5월, 보란 듯이 결혼식을 올렸다. 하루아침에 신데렐라가 되긴 했지만 그녀는 '신데렐라 코스프레' 하는 왕비가 아니었다. 여느 때처럼 지하철을 타고, 사람들과 스스럼없이 얘기도 나누고, 두 딸을 직접 학교에 데려다주는 엄마 역할에도 충실했다. 장례식장에서도 품위를 지켜야 하는 왕족과 달리 2007년 우울증으로 자살한 여동생의 죽음 앞에서 펑펑 우는 왕세자비의 지극히 인간적인 모습은 국민의 마음까지 울렸다.

왕비로서 그녀의 패션도 사실 소박하다. 공식석상에 입고 나오는 왕비복은 대부분 스페인 중저가 브랜드다. 그것도 같은 옷을 '요기서도' 입고 '조기서도' 입고 또 '저기서도' 입는 왕비로 유명하다. 하지만 같은 옷이라도 때마다 센스 있게 변신시켜 '재활용 퀸'으로 불리기도 한다. 그것이 '레티시아 스타일' 열풍을 일으키게도 했다.

그렇듯 몸에 밴 그녀의 소탈함과 흐뭇한 일거수일투족이 국민들의 마음을 움직였는지, 스페인 왕실을 바라보는 눈길도 조금은 부드러워졌다. 일찌감치 며느리 능력을 간파하고 아들에게 자리를 물려준 시아버지의 선택은 역시나 신의 한수였다.

훌쩍 떠나보는
중세 도시

세고비아

Segovia.

세고비아 기타와는
연줄이 없는 도시

세고비아라…. 혹시 기타 도시? 오래전 세고비아에 갈 때 문득 들었던 생각이다. 혹시나 싶어 인터넷을 뒤져보니 나처럼 생각한 이들이 꽤 많은 모양이다. 그럴 것이 '세고비아'는 기타로 너무나 유명한 브랜드다. 특히 1970~80년대 까까머리 남학생들은 세고비아 기타 하나 마련해 여학생들 앞에서 폼 잡고 튕겨보는 게 일종의 로망이었다. 세고비아 기타는 기타리스트의 지존이라 불리던 안드레스 세고비아1893~1987의 성을 따서 붙인 거다. 그는 안달루시아 지방의 작은 도시인 리나레스 출신이다. 그곳에는 그의 동상과 박물관도 모자라 그의 이름을 딴 '안드레스 세고비아 거리'도 있다.

결론적으로 마드리드에서 가까운 세고비아라는 도시는 세고비아 기타와 아무 끈도 없다. 도시 이름은 '승리의 땅'이란 의미를 지닌 'Sego세고'에서 유래된 것이다. 세고비아는 기원전부터 수백 년간 로마인들이 지배한 땅이다. 엄청난 기세로 승승장구하며 유럽 전역을 차근차근 접수한 로마인들에겐 모든 땅이 승리의 땅이었을 터다.

세고비아는 마드리드에서 마음만 먹으면 훌쩍 다녀오기 좋을 만한 거리

에 있다. 그래서 당일치기 여행지로 인기가 높은 곳이지만 최소한 하루 이상은 머무르라고 권하고 싶다. 맨 처음에 올 땐 그저 기차여행이 좋아 덜컥 기차를 탔었다. 2층 기차였는데 두 시간가량 걸렸고 기차역 앞에서 버스를 타고 10분 정도 걸려서야 구시가 시작점인 아소게호 광장에 도착한 기억이 난다. 두 번째 세고비아행은 버스였다. 마드리드 몬클로아Moncloa역 버스터미널에서 탄 직행버스는 한 시간 만에 뚝딱 도착했다.

생각보다 일찍 도착한 김에 버스정류장 앞 카페 노천 테이블에 앉아 느긋한 커피 타임을 가졌다. 커피 생각도 간절했지만 아소게호 광장으로 가는 길을 묻고자 함도 있었다. 셀프서비스가 아니지만 빈 커피잔을 날라주며 길을 물으니 나보다 더 친절한 카페 아저씨, 주방에서 나와 따라오라며 손짓한다. 아저씨는 요리조리 한두 번 꺾어지다 조만치에 광장이 보이는 지점에서 "오케이?" 하면서 손뼉을 딱딱 치고 서둘러 돌아갔다. 카페에서 불과 5분 거리였지만 그 아저씨로 인해 세고비아가 더 맘에 든다.

세고비아의 생명줄이 된
'악마의 다리'

광장을 가로지르는 수도교를 보니 오랜 친구를 다시 만난 것처럼 반갑다. 거대한 성벽처럼 보이는 수도교는 로마인이 남긴 세고비아의 상징이다. 기세 좋게 남의 땅에 들어오긴 했지만 이 황량한 고원 지대는 물이 귀했다. 하지만 당시 로마인이 어떤 인간들인가. 무식하면 용감한 게 아

니라 용감하면서 유식하기까지 한 그들은 무려 16킬로미터 밖에 있는 강물을 끌어들이는 수로를 착착 만들기 시작했다. 그렇게 끌려오던 물길이 뜻하지 않은 장애물을 만난 건 바로 이 광장 즈음에서다. 졸졸졸 잘 흘러오던 물이 협곡을 이룬 이곳에서 폭포처럼 쏟아져 사라지니 그야말로 도로 아미타불. 수도교가 생긴 이유다.

700미터가 넘는 길이에, 코앞에서 올려다보면 목이 뻐근해지고 입까지 헤 벌어질 정도로 높이도 만만찮은 수도교는 19세기 후반까지 세고비아의 생명줄 역할을 해왔다. 요즘이야 이런 건축물 세우는 것쯤은 일도 아닐 터다. 바다를 가로지르는 길고 긴 인천대교에 비하면 명함도 못 내밀 '물 다리'다. 하지만 2,000년 전에 세운 다리다. 이렇다 할 중장비 하나 없이 맨손으로 레고 블록처럼 끼워 만든 솜씨는 정말이지 예술이다. 아니, 레고 블록은 올록볼록 맞물리는 포인트나 있지, 하나라도 삐끗하면 와르르 무너질 수밖에 없는 수만 개의 돌덩이들이 접착제 하나 없이 그저 자기들끼리 머리를 맞대고 2,000년을 너끈히 버티고 있으니 유네스코 세계문화유산에 등재될 만도 하다.

묵직하고 견고한 데다 우아하기까지 한 수도교엔 '악마의 다리' 전설도 깃들어 있다. 그 옛날, 날이면 날마다 물동이를 이고 산자락을 넘고 넘어 물을 길어 와야 했던 한 소녀가 있었단다. 너무나 고된 일에 넋두리를 하던 소녀 앞에 나타난 악마가 유혹한다. '네 영혼을 팔면 하룻밤 만에 수로를 만들어주겠노라'고. 몸 고생에 신물이 난 소녀는 그 유혹에 넘어갔고, 악마는 부지런히 수로를 만들기 시작했다. 하지만 악마에게도 벅찬 일이었던가. 마지막 돌을 놓기 직전에 동이 트자 악마는 어둠 속으로 사라져야만 했

다. 돌덩이 하나 때문에 소녀의 영혼은 가져가지도 못하고 남 좋은 일만 한 셈이다. 하룻밤 새 '짠~' 하고 나타난 거대한 수로를 본 마을 사람들이 소녀의 사연을 듣고 '악마의 다리'라 불렀다는 전설이다.

로마인들이 물러난 시대에 태어난 사람들은 이 엄청난 규모의 수도교가 아무리 봐도 신기했을 터다. 공사현장을 보지 못했으니 '신이라면 모를까, 인간이 이런 걸 만들 순 없다'는 의구심에 이런 전설이 생겼는지도 모른다. 근데 왜 하필 악마일까. 자신들의 땅을 침범한 로마인이 악마 같단 생각이 들어서였을까? 어찌 됐건 악마보다 한 수 위인 고대 로마인들은 과연 능력자다.

마요르 광장에서 만나는
'16세기 귀부인'

'악마의 다리'가 버티고 있는 아소게호 광장에서 중세 분위기가 물씬 풍기는 골목을 헤치고 들어가면 마요르 광장에 이르게 된다. 세고비아의 안방 격인 이곳엔 16세기 '귀부인'이 조신하게 들어앉아 있다. 귀부인은 다름 아닌 대성당이다. 황토빛으로 곱게 단장한 성당은 언뜻 소박해 보이면서도 은근 화려하다. 특히 뾰족뾰족 날렵하게 솟은 첨탑들은 몽글몽글 꽃수를 놓은 듯 섬세한 모습이다. 그 우아함으로 인해 스페인 각지에 널려 있는 모든 대성당들을 제치고 '대성당 중의 귀부인'이란 애칭이 붙었다.

안으로 들어서면 금빛으로 반짝이는 제단은 물론 구석구석 화려한 금장식 성물과 조각품들로 가득하다. 그 가운데 간간이 꼬맹이 얼굴만 새긴 조각품들은 어딘가 모르게 괴기스럽다. 성당에는 부속 박물관도 딸려 있는데, 다양한 그림들 틈에 자그마한 묘비도 있다. 유모의 실수로 창문에서 떨어져 죽은 엔리케 2세[16세기 스페인의 한 지역인 나바라 왕국의 왕] 아들의 묘비다. 한순간의 실수일지언정 살인죄, 그것도 왕자를 죽였으니 살아날 리 만무하여 유모 또한 그 창문에서 투신자살했단다.

자식처럼 젖을 물리며 키우던 갓난쟁이의 죽음으로 덩달아 삶을 마감한 여인을 생각하다 보니 성당 안에서 얼핏 보았던 그림 하나가 떠올랐다. 늙은이가 딸 같은 여인의 젖가슴을 빠는 모습이었으니 사실 보기 민망한 그림이었다. 더군다나 그들이 부녀지간이라니 민망하다 못해 망측했다. 하지만 보이는 게 다는 아니다. 이 그림도 마찬가지다. 젊은 여자를 탐하는 주책바가지 늙은이 같은 모양새지만 그 안에는 눈물겨운 사랑이 담겨 있다. 이는 로마시대 역사가인 발레리우스 막시무스가 남긴 '시몬과 페로' 이야기를 바탕으로 한 그림이다.

얘기인즉, 로마시대 당시 반역죄를 지은 한 노인에게 내려진 형벌은 감옥 안에서 서서히 굶어 죽는 거였다. 그래도 가족 면회는 허락됐다. 단, 물한 모금도 가져오면 안 된다는 조건이 붙었다. 그러니 벌써 굶어 죽었어야 할 노인은 끈질기게 살아 있었다. 출산한 지 얼마 안 된 딸 덕분이다. 그녀는 죽음만을 기다리는 아버지를 날마다 찾아와 몰래 자신의 젖을 물렸다. 죽음 앞에선 이성보다 본능이 앞서는 법이런가. 아버지 스스로도 망측스러웠을 터지만 본능적으로 살기 위해선 어쩔 수 없었을 게다. 사실 따지고 보면 딸의 행위 또한 극형감이다. 하지만 위험을 감수하고 아버지를 살리기 위해 고군분투한 딸의 효심에 감동해 아버지를 풀어주었다는 얘기다. 그 아버지 이름이 시몬, 딸의 이름이 페로다.

17세기 최고 인기를 누리던 화가 루벤스1577~1640가 이런 '로마판 심청이의 효심'을 담아 〈시몬과 페로〉를 그려냈을 때 사람들은 해괴망측하다며 비난을 퍼부었다. 루벤스가 그림의 속사정은 이만저만하다고 항변했건만 사람들은 '뭔 소리여~ 니들 얼굴인데~'라는 식으로 따가운 눈초리를 거두지 않은 건 당시 루벤스가 자신보다 무려 서른일곱 살이나 어린, 딸 같은 열여섯 소녀와 재혼한 게 한창 입방아에 오른 탓이다.

어찌 됐건 이후 '로마인의 자비'로 일컬어지는 '시몬과 페로'는 루벤스 외에도 당대 화가들의 인기 소재가 되어 다양한 버전의 그림으로 남아 있다. 루브르 박물관에는 이를 주제로 한 조각상도 있다. 루벤스 그림이야 암스테르담 국립미술관에 걸려 있으니 이 성당의 그림은 다른 이의 솜씨일 거다. 아버지를 살린 효녀 일화를 담은 것일지언정 하나같이 좀 야하긴 하다.

막시무스의 '시몬과 페로' 이야기가 실화인지 아닌지 확인할 길은 없지만 '현대판 시몬과 페로'는 확실하게 존재했다. 2016년 영국의 한 여성은 말기 암으로 죽음을 코앞에 둔 아버지의 생명을 자신의 젖으로 1년 넘게 연장시켜 화제가 된 바 있다. 그 같은 일은 2009년에도 있었다. 영국엔 효녀들만 사나? 역시나 영국 여성이다. 그녀 또한 당시 암환자가 모유를 먹고 나았다는 방송을 보고 출산 직후 자신의 모유로 암에 걸린 친정아버지 병세를 호전시켰단다. 물론 두 여인 모두 그림처럼 직접 젖을 물린 건 아니니 요상한 상상은 금물이다.

호텔과 레스토랑, 기념품점으로 둘러싸인 마요르 광장은 밤 풍경이 훨씬 운치 있다. 밤이 깊어갈수록 노르스름한 가로등 불빛을 받은 황토빛 성당은 황금빛으로 물들어 더더욱 화사해 보인다. 그러면서도 아늑하고 편안한 느낌이다. 당일치기 여행으로는 결코 맛볼 수 없는 풍경이다.

'백설공주 성'으로 유명세 탄
세고비아 알카사르

"거울아~ 거울아~ 이 세상에서 누가 제~일 예쁘니?"
"그야~~ 당근 백설공주님이죠."
"뭬~야?"

훈남 왕자님을 만나 행복하게 잘살았다는 백설공주가 죽을 뻔한 이유는 그저 예뻐서다. 미모지상주의를 부추겨 그다지 마음에 들지 않는 백설공주 이야기를 뜬금없이 내세운 건 이곳에 '백설공주 성'이 있는 까닭이다. 대성당을 지나 구도심 끄트머리에 자리한 알카사르가 바로 그 주인공이다. 유네스코 세계문화유산으로 등재된 알카사르는 원래도 세고비아의 명물이었지만 월트 디즈니의 만화영화 〈백설공주〉에 등장하는 성의 모델로 알려지며 일명 '백설공주 성'으로 더욱 유명해졌다.

그런데 어릴 적 아무 생각 없이 읽었던 백설공주 얘기가 애초엔 외설적이고 잔혹한 '19금 동화'였단다. 〈백설공주〉는 독일의 그림형제가 펴낸《어린이와 가정을 위한 옛날이야기》에 나오는 동화들 중 한 편이다. 야콥 그림

Jacob Grimm과 빌헬름 그림Wilhelm Grimm, 두 형제는 동화작가라기보다는 언어와 문헌을 연구하는 학자로, 오랫동안 독일에서 떠돌던 민담을 모아 책을 펴냈다. 하지만 1812년 동화집을 선보였을 때 형제들은 비난을 면치 못했다. 동화라고 하기엔 차마 아이에게 읽어줄 수 없을 만큼 잔혹한 데다 노골적인 성 묘사도 많았던 이유다.

〈백설공주〉도 초판에는 아버지와 딸이 그렇고 그런 사이로 나온다. 즉, 엄마와 딸이 남편과 아버지가 아닌 한 남자를 사이에 둔 연적으로, 질투심에 불탄 어미는 딸을 죽이려 했고, 죽다 살아난 자식은 친어미에게 잔인하게 복수한다는, 뭐 그런 내용이다. 정말이지 말도 안 되는 콩가루 같은 얘기에 부모들의 항의가 빗발치자 5년 뒤에 나온 2판에선 부녀지간의 근친상간이 아예 사라지고 친엄마는 계모로 바뀌었다. 그 이후로도 아이들 눈높이에 맞춰 여기저기 몇 차례 더 뜯어고쳐 발간한 1857년 최종판이 오늘날 우리가 접하는 백설공주다.

그림형제 동화가 그 모양으로 '막장'이 된 데에는 민담 자체가 대부분 실제 상황이었던 탓도 있을 것이다. 18세기까지만 해도 유럽은 왕족과 귀족, 성직자를 제외하고 대다수가 가난뱅이였다. 애써 농사지으면 뭐 하나. 땅주인에게 고스란히 갖다 바치고 남은 쥐꼬리만 한 곡식마저 세금으로 이리저리 떼이고 나면 굶는 일도 허다했다. 그러다 보니 생계형 도둑과 강도, 창녀만 점점 늘어가고, 가족 모두가 한 방에서 지내야 하는 집에선 꼬맹이도 '19금'이어야 할 어른들의 동침을 암암리에 보게 되는 상황이었을 터다.

백설공주가 실존 인물이란 얘기도 있다. 독일의 한 역사학자에 따르면 16세기 독일 귀족의 딸 마르가레테 폰 발데크1533~1554가 그 주인공이다. 어린 시절 엄마를 잃은 그녀는 새로 들어온 계모에겐 눈엣가시 같은 존재였다. 새엄마의 질투심을 부추길 만큼 빼어난 미모를 지닌 의붓딸은 호시탐탐 자신의 목숨을 노리는 새엄마의 낌새를 채고 집을 나와 도망자 신세가 된다. 이때 그녀를 도와준 은인이 광산의 꼬맹이들이다.

당시 독일 광산 대부분은 빈곤층 아동들의 노동 착취 현장이었단다. 좁디좁은 갱도는 체구가 작은 아이들만 들어갈 수 있었고, 그 안에서 제대로 먹지도 못한 채 내내 몸을 웅크리고 작업하던 아이들은 성장도 더뎌 일명 '광산촌 난쟁이'로 불렸다. 그 꼬맹이들의 도움으로 광산촌에서 숨어 지내다 어찌어찌하여 벨기에로 건너간 그녀는 계모의 질투심을 부른 그 '한 미모'로 귀족들을 설레게 했다.

그 안엔 스페인 황태자 펠리페도 있었다. 첫 번째 아내와 사별한 그는 당

시 벨기에 방문길에서 '귀족들의 여신'이 된 그녀를 보고 첫눈에 반해 프러포즈를 했단다. 그러나 미래의 펠리페 2세 왕비가 될 뻔한 그녀는 얼마 후 의문의 독살을 당하게 된다. 그녀 나이 불과 스물한 살 때다. 독살이 황태자의 아버지 카를로스 1세의 소행이란 소문도 있다. 이미 잉글랜드 여왕 메리 1세를 며느리로 점찍은 카를로스 1세에게 '독일의 일개 백작 나부랭이' 딸은 천부당만부당, '감히 내 아들의 마음을 뺏는 건 옳지 않아~' 소리가 나올 법도 하겠다. 그런가 하면 펠리페와 결혼설이 오가던 '피의 여왕' 메리 1세가 질투심에 그녀를 죽였을 거라는 설도 있다. 메리 여왕은 마르가레테가 죽은 해인 1554년 여름 펠리페 2세와 결혼했다. 이렇게 입에서 입으로 전해지면서 굳어진 민담을 바탕으로 그림형제의 〈백설공주〉가 나왔다는 얘기다.

알고 보면 끔찍한 동화지만 아찔한 절벽 위에 걸터앉은 성은 만화영화 속 풍경만큼 아름답고 독특하다. 고대 로마인들의 요새였던 알카사르는 한때 감옥으로도 사용됐지만 이리저리 다듬어지면서 왕들의 거처로 변신했다. 한 여인의 미스터리한 죽음을 낳고 메리 1세와 결혼한 '무적함대 왕' 펠리페 2세가 1570년 네 번째 부인과 결혼식을 올린 곳도 바로 이곳이다.

안으로 들어서면 요새의 흔적을 보여주는 옛 무기들로 가득하다. 그 안에서 갑옷과 투구로 무장한 기마병은 금방이라도 살아 움직여 칼을 휘두를 것만 같다. 그들의 신발 자체도 무기다. 웬만한 칼은 저리 가라 할 만큼 신발 끝이 어찌나 뾰족한지 다가서기가 겁날 정도다. 좀 더 들어서면 화려했던 옛 왕실의 생활상도 고스란히 엿볼 수 있다.

외관과 내부만 휙 둘러보고 가는 이들도 많지만 사실 이곳의 하이라이트는 탑 전망대다. 물론 별도의 관람료도 있고 150여 개의 계단을 올라야 하는 수고가 따른다. 좁은 계단을 따라 빙글빙글 오르다 보면 아예 손을 짚고 엉금엉금 기어 올라가는 사람도 있다. 가쁜 숨을 내뱉으며 오르다가 내려오는 사람들과 마주치면 이미 그 맛을 아는 이들이 슬쩍 웃음을 흘린다. 그렇게 탑 꼭대기에 오르면 마을에서 무슨 일이 벌어지는지 한눈에 파악할 수 있을 만큼 세고비아 전경이 훤히 들어온다. 특히나 시간이 멈춘 듯 중세 분위기가 묻어나는 집과 들판 사이를 가르며 아득하게 이어진 길들이 지금도 눈앞에 아른거린다.

"이 맛이 좋을까나~
요 맛이 좋을까나~"

여행정보서들을 보면 한결같이 세고비아에 가면 '꼬치니요 아사도Cochinillo Asado'를 먹으라고들 한다. 꼬치니요는 태어난 지 2~3주 정도되는 새끼돼지를 일컫는다. 그 어린 것을 통째로 구워낸 것이 꼬치니요 아사도다. 생각해 보면 좀 잔인한 요리가 세고비아의 명물로 자리한 일면에는 종교적인 이유도 크다. 그 옛날 스페인을 점령했던 이슬람인들을 물리치고 난 뒤 식당들마다 오로지 이 요리만 판 건 돼지고기를 먹지 않는 이슬람교도를 가려내는 좋은 방편이 되었기 때문이다.

세고비아 골목마다 꼬치니요 아사도를 파는 식당이 부지기수다. 대부분의 식당 유리창 안엔 활짝 웃는 얼굴로 벌렁 누워 노릇노릇 구워진 통돼지모형이 진열되어 있다. 그 모습이 안쓰러우면서도 우스꽝스러워 사진을 찍으니 식당 아저씨가 싱글싱글 웃으며 나와선 '비포, 애프터' 구색 맞춰 찍으라며 옆 유리창을 가리킨다. 거기엔 죽기 전의 아기돼지 모형이 얌전하게 앉아 있었다.

많고 많은 식당 중 가장 인기 있는 곳은 수도교 바로 앞에 있는 '메손 데 깐디도Meson de Candido'다. 1898년부터 대대손손 한 자리를 지켜온 집으로, 워낙 유명하다 보니 딱히 식사 때가 아니어도 늘 사람들로 북적댔다. 꼬치니요 아사도는 껍질은 바삭하고 속살은 부드러운 게 특징이다. 이 식당에선 요리가 얼마나 부드러운지 보여주기 위해 칼이 아닌 접시로 자르고 그 접시를 던져 깨버리는 게 전통이다. 현 스페인 국왕 펠리페 6세가 황태자

시절 이곳에서 직접 '접시로 자르기'와 '접시 깨기' 시범을 보인 사진도 붙어 있다. 에휴, 얼마나 많은 접시가 깨져나갔을까.

궁금해서 맛은 봤다. 단지 유명세일 뿐 그 맛이 그 맛이려니 싶어 사람들이 북적대는 집이 아닌 '비포, 애프터' 사진을 권한 골목 식당을 택했다. 진열장 모습 그대로의 통구이는 5~6인분으로, 1인분은 손바닥 크기로 잘려 나오는데 몸통이든 다리통이든 복불복이다. 바삭한 껍질은 누룽지 같았고 부드러운 속살은 그저 우리의 닭백숙 맛이다. 세고비아 명물이라니 한 번쯤 맛볼 만도 하지만 반드시 먹어야 할 음식이라 하기엔….

반면 시간이 허락된다면 '리틀 베르사유'가 오히려 맛볼 만하다. 세고비아에서 택시로는 10분, 버스로는 20분가량 걸리는 '라 그랑하 데 산 일데폰소'는 마드리드 궁전을 지은 프랑스 출신 왕 펠리페 5세가 역시나 자신이 살던 베르사유를 그리워하며 지은 별장이다. 방방마다 화려함이 극치를 이루는 건 말할 것도 없고 숱한 그림과 프레스코화가 가득한 궁전은 미술관을 방불케 한다. 특히나 '어느 세월에 이걸 다 만들었을까' 싶을 만큼 엄청나게 큰 태피스트리가 줄줄이 걸린 광경은 보는 이를 압도한다.

하지만 이곳의 백미는 누가 뭐라 해도 정원이다. 넓기도 하거니와 저마다 독특한 모양새로 다듬어진 나무들과 우아하고 섬세한 조각상들을 품은 층층분수대는 그 자체만으로도 볼거리가 충분하다. 그 옛날 왕족들이 거닐던 정원에서 수북하게 쌓인 낙엽을 밟으며 즐기는 호젓한 가을 산책, 그야말로 내게는 감칠맛이다.

Romantic Spain

스페인 왕실의 여름 휴양지
아란후에스 Aranjuez

아란후에스는 그 옛날 스페인 왕실의 여름 휴양지로 유명한 곳이다. 마드리드를 중심으로 한 카스티야 지방이 대부분 메마르고 거친 땅인 데 비해 타호강 물줄기가 적시는 비옥한 아란후에스 땅은 그야말로 오아시스나 마찬가지였다. 펠리페 2세 때 세워진 궁전은 대를 이으며 왕의 입맛대로 화려함을 더해가며 초호화 별장이 되었다.

궁전 내부에는 눈부신 샹들리에 아래 음악만 나오면 절로 어깨가 들썩일 것 같은 댄스홀, 화려하기 그지없는 드레스룸, 왕의 흡연실, 당구장, 중국풍 방에 이슬람식 방, 화려한 부채만 전시해 놓은 부채방 등의 공간이 저마다 독특한 분위기로 꾸며져 있어 스페인 왕실의 문화생활, 패션, 인테리어 등을 엿볼 수 있다.

　　아란후에스는 스페인이 낳은 위대한 작곡가 로드리고의 대표작 〈아란후에스 협주곡〉의 무대가 된 곳이기도 하다. 어린 나이에 시력을 잃은 로드리고는 눈으로 접하지 못하는 세상을 소리의 눈, 마음의 눈으로 표현해 주옥같은 명곡들을 남겼다. 로드리고가 세계적인 스타가 되기까지는 평생 로드리고와 함께하며 그의 곁을 지켜준 아내의 힘이 컸다. 두 사람은 프랑스 파리에서의 유학 시절 만나 4년간의 연애 끝에 결혼했는데, 그들의 신혼여행지가 바로 아란후에스였다. 어둠의 세상에서 평생 자신의 눈이 되어준 아내와 더불어 누구보다 환한 세상을 살던 로드리고는 98년의 장수를 누리고 1999년에 그 세상을 떠났다. 그보다 2년 먼저 떠난 아내 곁에 영원히 함께 누운 곳 역시 그들이 신혼 시절에 거닐던 아란후에스 정원이다.

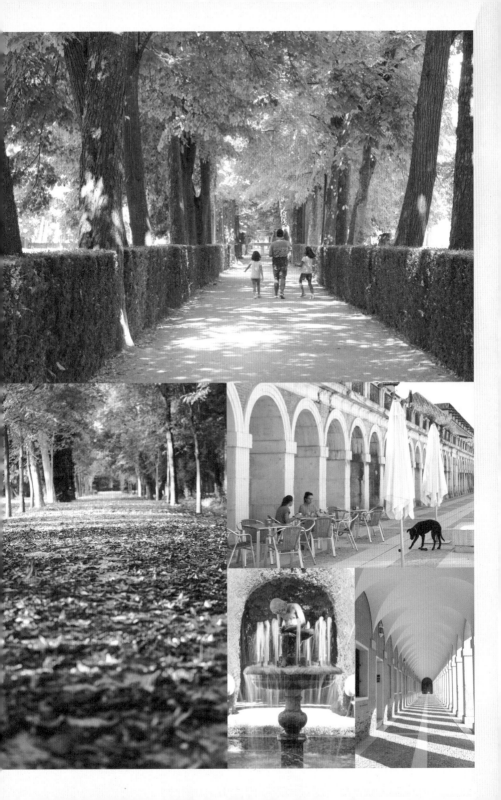

 아란후에스는 마드리드에서 기차나 버스로 30~40분 거리에 있다. 왕궁도 좋고 정원도 좋지만 사실 내가 좋아한 건 이 도시 자체다. 300여 년에 걸쳐 왕실이 심혈을 기울여 만든 이곳은 따지고 보면 스페인 최초의 계획도시다. 18세기에 완성된 마을 배치는 지금도 달라진 게 별로 없다. 무분별한 개발 대신 보존의 미덕으로 아란후에스는 2001년 유네스코 세계문화유산이 되었다. 크진 않지만 작은 편도 아닌 이 도시는 관광객도 적어 요란스럽지도 않다. 그럼에도 거리는 생기가 넘친다. 특히 재래시장과 마주한 시청사 앞 광장은 마을 사람들의 사랑방인 듯했다. 가족 단위로 마실 나온 이들이 부지기수요, 뛰어노는 꼬맹이들도 유난히 많았다. 마냥 평화롭고 행복한 모습들이다. 시골스러우면서도 은근 세련된 이 도시는 노르스름한 밤 분위기가 좋아 왠지 크리스마스와 잘 어울릴 것 같은 느낌이다.

스페인의
정신적 수도

톨레도

Toledo.

"톨레도를 보기 전에
스페인을 말하지 말라"

스페인을 제대로 알려면 톨레도를 보아야 한다는 얘기다. 왜 이런 말이 나온 걸까? 한마디로 파란만장했던 스페인 역사의 압축장인 때문이다. 앞서 언급했듯 톨레도는 펠리페 2세가 마드리드로 수도를 옮기기 전까지 스페인의 중심지였다. 그것도 무려 천년 세월이다. 마드리드의 대선배인 톨레도 지형은 야무지고 기도 세다. 타호강이 말발굽 형태로 휘감은 가파른 절벽 언덕에 조성된 톨레도는 군사전문가가 아닌 나같이 평범한 사람 눈에도 여지없는 천연 요새다. 하지만 그것으로 인해 고달팠던 도시다.

고대 로마제국이 스페인 지역을 하나하나 접수해갈 때 톨레도 사람들은 천연 요새를 방패 삼아 독하게 저항했다. 끈질긴 저항으로 애를 먹은 로마인들은 정복 후 이곳을 '톨레툼Toletum'이라 일컫었다. 이제 '안전지대'에 진입했다는 의미에서다. 톨레도란 이름은 여기서 유래했다. 하지만 이 안전지대는 수백 년 후인 6세기경 로마를 밀어낸 서고트족이 꿰찼다. 톨레도가 스페인의 수도가 된 건 이때부터다. 그러나 주인은 또 바뀐다. 711년 이슬람 세력이 그 주인공이다. 가톨릭 세력이 이 땅을 다시 찾은 건 374년 만인 1085년이다. 이때부터 톨레도는 이슬람 세력이 완전히 물러나는 1492년까

지 국토 회복 운동의 지휘 본부가 되었다.

  그 결과 톨레도는 가톨릭과 이슬람, 유대 문화의 흔적까지 절묘하게 어우러진 매력을 갖게 되었다. 서로 싸우긴 했지만 서로를 감싸 안은 덕분이다. 삼삼오오 흩어져 유랑하던 유대인들이 톨레도로 대거 모여들었을 때에는 이슬람, 가톨릭 세력 모두 그들을 포용했다. 그래서 유대인들은 한때 이곳을 '유럽의 예루살렘'이라 불렀다. 이슬람 세력을 몰아낸 가톨릭 세력도 이때는 미처 떠나지 못한 이방인들을 곱게 받아들였다.

  다신교를 믿던 로마까지 아우른 톨레도는 단위 면적당 문화유산이 가장 많은 도시다. 그 중심에 자리한 톨레도 대성당은 스페인 가톨릭의 총본부다. 톨레도를 정신적 수도로 꼽는 이유다. 즉, 톨레도는 스페인의 심장이다. 행정 수도 마드리드가 결코 따라잡을 수 없는 세월의 무게가 느껴진다.

길을 잃는 게 오히려 재미난
톨레도 미로 찾기

  톨레도는 마드리드에서 버스로 50분, 고속기차로는 30분 거리
에 있다. 9년 전에는 식물원 같은 분위기가 폴폴 나는 마드리드 아토차역에
서 기차를 타고 갔다. 당시 아토차역에는 야자수가 늘어진 실내에 부서진
비행기가 박혀 있었다. 비행기에 비해 기차가 안전하다는 암시일까? 그래
도 비행기를 그 모양으로 전시해 놓은 게 좀 찜찜했다.

  이번에는 아란후에스에서 버스를 타고 갔다. 아란후에스를 거쳐 톨레도
로 가는 일정을 잡다 보니 교통편이 궁금했다. 스페인 출발 전에 인터넷을
통해 정보를 있는 대로 뒤졌건만 시원한 답이 없다. 그렇다면 마드리드로
다시 올라가서 톨레도로 내려와야 하니 번거로운 노릇이다. 혹시나 싶어
더 뒤져 보니 누군가가 '두 도시를 연결하는 버스가 있긴 있는 것 같은데
확실하진 않다'고 했다. 그 정보를 찰떡같이 믿고 싶었다. 그 믿음이 통한
걸까. 고맙게도 버스가 있었다. 하루에 두 번 운행하는 날도 있지만 이용
객이 많지 않아 대부분 하루 한 번 운행한다. 우리를 포함해 달랑 여섯 명
의 승객을 태운 버스는 45분 만에 톨레도에 도착했다.

  버스정류장에 내리니 저만치 높은 언덕에 톨레도 구도시가 묵직하게 앉
아 있다. 일부 여행정보서는 언덕 오르는 길이 힘드니 여기서 시내버스를
이용하는 게 좋다고 했지만 걷는 걸 좋아하다 보니 버스 탈 생각은 아예 없
었다. 동네 사람에게 가는 길을 물으니 분홍색 선을 가리키며 이것만 따라
가란다. 마라톤 코스처럼 이어진 분홍 선을 따라가니 얼마 되지 않아 에스

컬레이터가 방향을 바꿔가며 여러 차례 이어졌다. 힘들게 걷기는커녕 거저 먹기 식으로 올라오니 코앞에 소코도베르 광장이 펼쳐졌다. 맥도날드와 스타벅스가 끼어든 게 옥에 티 같긴 하지만 톨레도 여행의 구심점인 이곳에 들어서면 버스가 아닌 타임머신을 타고 중세시대로 온 느낌이다. 구도심 전체가 세계문화유산으로, 이 안에 있는 기존 건물 외관은 뜯어고칠 수 없게끔 되어 있다.

　각각의 재료들이 골고루 섞여 감칠맛 나는 비빔밥 같은 톨레도는 '미로의 도시'이다. 곳곳에선 관광객마다 지도 보느라 여념이 없다. 하지만 거미줄처럼 너무나 복잡하게 얽히고설킨 거대한 미로 속에선 사실 지도가 있으나마나다. 지도를 보면 오히려 머리만 더 복잡해진다. 비교적 길눈이 좋은 나도 수없이 길을 잃곤 했다. 하지만 길을 잃어도 따지고 보면 잃는 것도 아니다. 그곳에서 우연찮게 마주하는 모든 것이 옛 유물이기 때문이다. 낯선 곳을 헤매다 보물찾기라도 하듯 무언가를 하나하나 발견해나가는 것이 오히려 톨레도의 매력이다. 걷다 지치면 노천카페에서 커피를 마시며 똑같이 헤매는 이들을 느긋하게 구경하는 것도 나름의 재미다.

　실핏줄처럼 요리조리 파고든 좁은 골목은 햇빛도 들지 않아 어둡다. 그 좁은 골목에 차들이 지날 때면 걷다가 벽에 껌처럼 바짝 붙어서야 한다. 왜 이렇게 길이 좁고 복잡한 걸까? 물론 작은 공간에 비해 사람들이 많으니 길은 최대한 좁혀졌을 게다. 길을 이리 돌리고 저리 돌리면 작은 도시가 조금은 커 보이는 효과도 있을 터다. 하지만 무엇보다 그 좁고 복잡한 길은 침입자를 대비한 게 아닌가 싶다. 길이 좁으니 한꺼번에 많은 인원이 밀려들 수 없을 테고 혹시나 들어왔다 해도 관광객들처럼 헤매기 십상이니 과

연 자연과 인간의 합작품인 최고의 요새다.

　톨레도는 칼의 도시이기도 하다. 전쟁이 끊이질 않았기에 무기 생산이 필수적이었던 결과다. 지금도 골목 곳곳엔 칼과 방패를 파는 기념품점이 수두룩하다. 심지어 가정집 창문마다 크고 작은 검이 걸려 있고 어느 집 대문은 손잡이가 칼 모양이다. 영화 〈반지의 제왕〉에 등장했던 칼과 갑옷들도 이 톨레도에서 제작됐단다. 그런가 하면 금빛 은빛으로 빛나는 '다마스키나도' 공예품점도 칼집과 함께 쌍벽을 이룬다. 이는 시리아의 수도인 다마스쿠스 출신 장인들이 만든 공예품이란 의미로, 이슬람 지배가 남긴 흔적이다. 금속판에 선을 새기고 그 안에 금실과 은실을 입히는 과정은 너무나 섬세하고 정교하다. 때문에 작품에 몰두하는 장인의 모습을 지켜보다 보면 살짝 움직이는 것조차 조심스러워진다. 그 수고로움만큼 값은 만만치 않다.

건장한 남성미를 뿜어내는
톨레도 대성당

실핏줄처럼 엮인 톨레도 미로들은 어디서든 스페인의 심장인 대성당으로 모아진다. 이슬람을 물리친 기념으로 1227년에 짓기 시작한 톨레도 대성당은 1493년에 완공됐다. 그라나다에서 이슬람 세력의 마지막 뿌리를 뽑은 이듬해다. 세고비아 대성당이 섬세한 귀부인이라면 장장 266년에 걸쳐 성장한 톨레도 대성당은 건장한 남성미를 뿜어낸다. 겉모습은 웅장한 고딕양식이지만 성당의 원래 몸체는 이슬람사원이다.

면죄의 문, 지옥의 문, 심판의 문을 거느린 대성당 안은 전체적으로 어둡다. 웅장한 실내에 비해 창문이 작은 데다 그마저 스테인드글라스로 덮여 있기 때문이다. 높은 천장 구멍을 뚫고 내려온 한줄기 빛이 그 어둠을 살짝 거두어줄 뿐이다. 극장에서처럼 서서히 어둠에 익숙해지면서 눈에 들어오는 성당의 실체는 모든 것이 화려하다. 벽면마다 부조 조각품이 빈틈없이 들어차 있고, 거대한 파이프오르간과 어우러진 으리으리한 성가대석 의자들도 제각각 다른 모양으로 조각되어 있다. 너무나 정교하게 입체감을 살린 조각품들이라 언뜻 살아 꿈틀대는 것 같기도 하다. 그런가 하면 아기 예

수를 안고 서 있는 성모마리아는 엄마 미소를 짓고 있다. 슬픈 표정이 대부분인 여타 마리아상과 달리 흐뭇한 미소를 보이는 이곳 성모상을 두고 '스페인의 모나리자'라 일컫기도 한다. 하지만 아무리 예수라도 그렇지, 꼬맹이가 어른의 턱을 치켜 올리듯 만지는 형상으로 빚어낸 건 '쫌'….

아울러 프레스코화, 형형색색의 태피스트리, 엘 그레코와 벨라스케스, 고야와 루벤스의 작품들이 줄을 잇는 성당은 그 자체로 거대한 박물관이다. 성당임을 증명하는 대부분의 성물들은 금빛으로 번쩍인다. 화려하고 현란하다 못해 정신이 사납다. 그것들에 눈이 쏠려 마음을 가다듬고 제대로 기도를 할 수 있으려나 싶다. 그나마 성당이 어두우니 좀 나으려니 싶지만 예수 그리스도의 몸을 상징하는 성체는 어둠 속에서 오히려 더 찬란하게 빛난다. 높이 3미터, 무게 180킬로그램에 달하는 거대한 성체는 온통 금은보석으로 치장돼 화려함의 극치를 보여준다. 그 안엔 무려 18킬로그램이나 되는 순금도 고스란히 녹아 있다.

이렇게 화려한 성당을 지을 수 있었던 건 중세시대 당시 교회의 힘이 막강했기 때문이다. 특히 톨레도 대주교는 스페인의 수석 대주교로, 왕 못지않은 권력자였다. 성직자들은 특권도 다양해 권력형 부정부패가 만연했다. 국세를 면제받았음에도 마땅히 내야 할 지방세를 치사하게 회피했다. 그것을 고스란히 떠안은 건 가난한 민중들이다. 그렇게 지위를 남용해 쌓은 재산으로 대규모의 사병까지 거느려 왕도 두렵지 않은 존재였다.

이 거대한 성체는 매년 성체성혈대축일 때마다 밖으로 나와 톨레도 거리를 돌고 보물실로 들어간다. 성체성혈대축일은 성체를 앞세워 그리스도의 몸과 피를 상징하는 빵과 포도주를 나눠주는 천주교 성사 중 하나다. 하지

만 금빛으로 번쩍이는 성체를 보고 당시 생활고에 허덕이던 수많은 민중들은 어떤 마음이었을지…. 그런 민중들에게 교회는 '면죄부'까지 팔아 돈을 긁었다. 돈을 받고 죄를 면해주는 사업은 교회의 으뜸 수입원이었다. 그야말로 '유전무죄, 무전유죄'의 온상이다. 면죄부만 사면 죄가 없어져 천국 갈 수 있다니 돈 있는 사람들에겐 그야말로 '천국 가기 참 쉽죠, 잉~'이다.

성당을 먹여 살리는
오르가스 백작

대성당을 지나 골목 안쪽으로 10분가량 가면 산토 토메 성당이
있다. 대성당에 비하면 지극히 작고 소박한 성당이다. 그럼에도 이 평범한
성당이 톨레도 여행자들의 '필수 방문지'가 된 건 그 안에 놓칠 수 없는 명
품 성화가 있기 때문이다. 바로 벨라스케스, 고야와 더불어 스페인 3대 화
가로 꼽는 엘 그레코의 명작 〈오르가스 백작의 매장〉이다.

오르가스 백작은 14세기 인물이다. 돈도 많고 신앙심도 깊었던 그는 성
당의 으뜸 후원자였다. 살아서도 막대한 기부를 했던 백작은 자신의 모든
재산을 성당에 헌납한다는 유언을 남기고 이 성당에 묻혔다. 하지만 후손
들이 이행하지 않자 법적 공방 끝에 승리한 성당 측이 백작을 기리기 위해
의뢰한 작품이다. 성당으로 들어가자마자 오른쪽 벽면에 있는 〈오르가스
백작의 매장〉은 실제 백작의 무덤 위에 걸려 있어 묘하게 연결된다. 그 그
림엔 기적이 깃든 전설이 내려온다. 백작의 장례식 당시 두 명의 성인이 홀
연히 나타나 시신을 친히 입관했다는 얘기다.

그 전설을 토대로 엘 그레코가 1588년에 완성한 작품은 아래위로 반을
갈라 지상과 천상으로 나뉘어 있다. 지상에는 전설처럼 두 명의 성인이 백
작의 시신을 입관하는 모습이 담겨 있다. 여기서 흥미로운 건 조문객들이
다. 이미 14세기에 죽은 백작을 알지도 못하는 당대 톨레도 유력 인사들이
대부분이다. 고야만큼 처세술에 능한 화가가 지역 명사들에게 나름 센스
있는 인사치레를 한 거다. 명사들 대열 속엔 화가 자신도 끼어 있다. 게다가

자신의 어린 아들은 백작의 시신을 가리키는 친절한 안내자로 등장시켰다.
그림 속에서 정면을 응시하며 관람객과 눈을 마주치는 것도 오로지 화가
자신과 그 아들뿐이다. 그 꼬맹이 아들만 똑 따온 그림은 확대되어 성당 입
구에도 붙어 있어 성당 안내인 역할까지 하고 있다.

　조문객들 머리 위엔 백작의 영혼이 올라가는 천상 세계가 펼쳐진다. 아
기로 변신한 백작의 영혼을 한 천사가 산도처럼 묘사한 좁은 통로로 열심
히 밀어 올리고 있다. 하느님을 잘 섬기고 기부를 많이 하면 천국행 좁은
문을 통과할 수 있다는 일종의 메시지다. 천국에서 내려온 성인이 시신을

수습했다는 전설은 교회 측에서 은근슬쩍 유포한 것으로 추측되지만 그림으로 다시 태어난 오르가스 백작은 끊임없는 입장료를 받아내며 수백 년이 지난 지금까지 교회를 먹여 살린다. 모나리자를 보러 루브르 박물관에 가듯 사람들이 오로지 이 그림을 보러 성당에 오기 때문이다. 정말이지 '작은 교회, 큰 그림'이다.

매너리즘에 빠진
톨레도의 위대한 화가

엘 그레코1541~1614는 스페인 3대 화가로 일컬어지지만 사실 스페인 사람이 아니다. 그리스 크레타 섬에서 태어난 그의 본명은 도메니코스 테오토코풀로스. 그 이름이 엘 그레코로 변신한 이유는 간단하다. 이름도 복잡하고 발음까지 어려워 스페인 사람들이 그냥 '그리스인El Greco'으로 불렀다. 하긴 발음하다 보면 나도 헷갈린다. 꼭 '경찰청 쇠창살은 쌍철창살…' 같은 느낌이다.

스페인 사람들에겐 그저 '외국인'일 뿐이던 섬 소년은 청년 시절 베네치아와 로마에서 화가로 활동하다 서른다섯 살 되던 해인 1577년에 스페인으로 넘어왔다. 그가 스페인행을 택한 건 당시 펠리페 2세가 엘 에스코리알 궁전을 장식할 화가를 구한다는 소식을 접하면서다. 잘만 하면 궁정화가도 될 수 있으리란 야무진 꿈을 안고 왔지만 결론부터 말하면 그 기대는 여지없이 무너졌다. 궁전을 위해 야심차게 그린 그림이 결정적으로 왕의 눈 밖

에 난 탓이다.

가톨릭 맹신자인 펠리페 2세는 모든 종교화를 성스럽게 그릴 것을 강조했지만 엘 그레코는 주문자의 입맛을 채워주지 못했다. 그 그림이 바로 〈성 마우리티우스의 순교〉다. 성 마우리티우스는 이슬람 지배 당시 종교를 바꾸라는 명을 거절하고 순교한 가톨릭 성인이다. 그 거룩한 성인의 순교 장면을 화면 끄트머리에 담은 것도 모자라 발가벗은 사람까지 등장시켜 종교적 엄숙함을 망쳐놓았다. 게다가 그 안에 자기 얼굴까지 내비쳤다. 완성된 그림을 보고 뜨악한 펠리페 2세는 그림값은 주되 궁전에 걸지 말고 창고에 처박아 두라고 명령했다. 그렇게 창고에 묻혀 있던 엘 그레코의 그림이 지금은 엘 에스코리알 궁전에서 가장 보기 좋은 자리에 걸려 있다.

왕에게 퇴짜 맞고 궁정화가 자리는 이미 물 건너갔음을 안 엘 그레코는 미련 없이 돌아섰다. '제 갈 길을 아는 사람에게 세상은 길을 비켜준다'는 영국 소설가 찰스 킹슬리의 말이 그에겐 딱 들어맞았다. 막혔던 그의 인생길은 톨레도에서 뚫렸다. 톨레도에 정착한 그는 행세깨나 하는 귀족층, 성직자들과 친분을 쌓으며 새로운 물꼬를 튼다. 일거리가 점점 늘어나면서 '엘 그레코 전성시대'를 연 그는 귀족 저택으로 옮겨 죽을 때까지 부귀영화를 누리며 살았다.

톨레도에서 남긴 그의 작품 대부분은 종교화다. '가톨릭 그림답지 않다'는 왕의 비난과 달리 그의 그림이 톨레도에서 먹힌 건 종교개혁으로 몸살을 앓던 시대였기 때문이다. 1517년, 마르틴 루터가 교회의 면죄부 판매에 반기를 들고 일어난 종교개혁의 불길은 해를 거듭할수록 걷잡을 수 없이 번져나갔다. 수많은 가톨릭 신자들이 개신교로 전향하자 가톨릭 교회는 묘

책이 필요했다. 그것이 바로 기적을 내세운 신비주의 전략이다. 〈오르가스 백작의 매장〉도 그 일환이다.

"넌 매너리즘에 빠진
인간이야"

    누군가로부터 매너리즘에 빠졌다는 말을 들으면 기분 좋을 리 없다. 흔히 '틀에 박혀 현상유지나 하려는…' 식의 부정적 의미로 사용되는 말이니 당연히 기분 나쁠 만하다.

    '방식'을 의미하는 이탈리아어 '마니에라maniera'에서 비롯된 매너리즘은 본래 16세기 후반의 미술양식을 가리키는 용어다. 르네상스 시대가 중시했던 조화와 균형을 깨고 인체를 길쭉하게 늘여 형태를 왜곡하는 데다, 원근감을 무시하고 강렬한 색채를 가미해 묘한 분위기를 풍기는 게 매너리즘의 기본 화풍이다. 이를 두고 18세기 미술평론가들은 르네상스 대가들의 실력에 못 미치는 이들이 그저 르네상스 화풍을 모방하기 뭐해 은근슬쩍 비틀어 틀에 박힌 기교만 부렸다며 혹독한 비판을 퍼부었다. 그런 매너리즘에 흠뻑 빠져 있던 화가가 엘 그레코였다.

    엘 그레코의 그림들은 솔직히 내 스타일은 아니다. 과장된 몸짓은 뭔가 불안하고 강렬한 색감은 어딘가 모르게 음산해 내 눈에 그리 편한 그림은 아니다. 그러나 호불호를 떠나 엘 그레코의 그림은 독특하긴 하다. 그런데 왜 당대를 주름잡던 레오나르도 다빈치와 미켈란젤로의 균형미를 깨고 팔

다리와 몸통을 쭉쭉 늘려 나름 실험정신을 살린 그의 그림이 틀에 박힌 스타일로 치부되었을까 싶다. 오히려 당대 최고 인기를 누리던 르네상스 거장들만 인정하고 대세를 거스른 화가들은 비하한 평론가들이야말로 오늘날 의미하는 매너리즘에 빠진 건 아닌가도 싶다.

사후에도 오랫동안 인정받지 못했던 엘 그레코는 20세기 초에 들어서야 틀에 박힌 그림이란 오명을 벗었다. 돌연 독창적인 그림으로 변신한 그의 작품들은 세잔, 피카소 등 입체파 화가들의 선생님이 되었다. 특히 피카소의 대표작인 〈아비뇽의 처녀들〉은 엘 그레코의 〈다섯 번째 봉인의 개봉〉에서 영감을 받은 것으로 전해진다.

쟁쟁한 후배 화가들로부터 '화가 중의 화가'로 인정받은 엘 그레코의 흔적은 톨레도 곳곳에 남아 있다. '엘 그레코의 집'은 물론 산타크루즈 미술관, 대성당에도 그의 작품들이 걸려 있다. 태어난 곳보다 더 많은 인생을 보낸 톨레도는 엘 그레코에겐 제2의 고향이다. 이름도 제대로 안 불러주던 도시가 이젠 '엘 그레코의 도시'라 불리기도 한다.

그런가 하면 2004년엔 엘 그레코의 그림 한 점이 한바탕 화제가 되기도 했다. 크리스티 경매소가 일반인을 상대로 소장품 감정을 해준다는 광고를 내면서다. 이때 한 스페인 사람이 집 안에서 먼지를 뒤집어쓴 채 방치됐던 그림을 들고 나왔고, 감정 결과 엘 그레코의 초기 작품인 〈그리스도의 세례〉로 확인됐다. 그림이 경매장에 나왔을 때 낙찰가는 당시 우리 돈으로 16억 원이 훌쩍 넘었다. 낙찰자는 개인이 아닌 크레타 섬 사람들이었다. 거액의 작품 구입비는 주민들이 발 벗고 나서 모은 성금으로 충당했다. 하다못해 꼬맹이들 용돈까지 보태졌다. 그들이 그렇게 똘똘 뭉친 건 엘 그레코

가 스페인 사람이 아닌 '크레타 섬 출신'이란 걸 널리 알리기 위해서였단
다. 엘 그레코가 무덤 속에서 흐뭇하게 웃을 일이다.

톨레도 미로는
사랑의 미로

　　톨레도에서 가장 높은 언덕에 자리한 알카사르는 대성당 못지
않은 톨레도의 랜드마크다. 이슬람 지배 시절에 세워진 알카사르는 가톨릭
세력이 톨레도를 되찾은 후 증축해 수도를 마드리드로 옮길 때까지 왕실로
사용되던 건물이다.

　이곳은 스페인 내전 당시 프랑코 군과 인민전선 간에 가장 치열한 총격
전이 벌어졌던 현장이기도 하다. 최고의 요새답게 당시 누가 먼저 이곳을
장악하느냐가 관건이었다. 선점한 건 프랑코 측이었다. 한발 늦은 인민전
선이 이곳을 뺏기 위해 총공세를 펼쳤지만 결국 승리한 건 프랑코다. 동족
끼리 총을 겨눈 그 비극의 현장은 지금 군사박물관으로 변신했다.

　알카사르 언덕 밑엔 타호강에서 가장 오래된 '알칸타라'가 걸쳐져 있다.
알칸타라는 아랍어로 '다리'라는 뜻이다. 애초 로마제국이 얹어놓은 이 다
리는 오랫동안 천연 요새인 톨레도 구시가로 들어서는 유일한 통로였다.
때문에 톨레도의 그 어떤 건축물보다 상처를 많이 입었다. 숱한 전쟁을 겪
으며 부서지고 떠내려가면서도 이러저러한 왕조의 흥망성쇠를 묵묵하게
지켜보았을 다리다. 13세기 후반에야 안정을 찾아 우아하게 되살아난 알칸

타라에 서면 좁은 골목과 달리 시원한 풍경이 펼쳐진다.

　그 다리를 건너 오른쪽으로 올라가면 타호강으로 둘러싸인 톨레도 전경이 한눈에 내려다보이는 전망대가 있다. 강 건너 언덕에 자리한 파라도르에서 보는 전망도 일품이다. 이곳은 몇 년 전 이보영, 지성 커플의 웨딩 화보 촬영지로 알려지면서 관심을 모았던 곳이기도 하다. '파라도르'는 고성이나 수도원을 개조한 스페인 국영 호텔이다. 스페인 곳곳에는 이런 파라도르가 꽤 많다. 낡은 옛 건축물을 관리하는 데 드는 비용이 만만찮아 고심 끝에 내놓은 아이디어다. 물론, 굳이 투숙하지 않더라도 야외 테라스에서 얼마든지 그 풍경을 맛볼 수 있다.

　소코도베르 광장에서 톨레도를 한 바퀴 도는 45분짜리 관광 기차인 '소코트렌'을 타면 톨레도 전망 포인트에 손쉽게 오를 수 있다. 택시로는 5분 거리지만 가벼운 운동 삼아 걸어가는 것도 좋다. 낮에 보는 전경도 좋지만 요리조리 휘어진 골목마다 노르스름한 가로등 불빛이 반짝이는 저녁 풍경은 더더욱 매력적이다.

　미로처럼 얽히고설킨 골목도 이렇게 멀찌감치 서서 보면 어디서 막히고 어디서 풀리는지 한눈에 들어온다. 막힌 것 같다가도 어디선가는 뚫리는 톨레도 미로를 보면 사랑도 그렇지 싶다. 잘나가다 막히는 사랑의 미로도 이렇게 한 발짝 물러나 시야를 넓히면 꼬였던 그 사랑의 실마리를 볼 수 있을지 모른다. 그래서 '질투가 현미경으로 보는 거라면 사랑은 망원경으로 보는 것'이라 했나 보다.

돈키호테를
만나러 가는 곳

콘수에그라

Consuegra.

유명하지만 너무나 몰랐던
돈키호테의 참모습

"이룰 수 없는 꿈을 꾸고, 이루어질 수 없는 사랑을 하고, 이길 수 없는 적과 싸움을 하고, 견딜 수 없는 고통을 견디며 닿을 수 없는 저 밤하늘의 별을 따자."

누가 이렇듯 무모하지만 멋진 말을 한 걸까? 다름 아닌 '돈키호테'다.

사실 돈키호테 하면 우리는 대개 '망상에 사로잡힌 괴짜, 엉뚱하고 무모한 할배'를 떠올리기 십상이다.

"나리, 저건 그냥 풍차들인뎁쇼."

"인마, 저건 사악한 거인들이야."

그저 풍차일 뿐이라는 산초의 말을 무시하고 거인들을 향해 냅다 돌진하다 핑핑 돌아가는 거대한 날개에 받혀 나뒹굴고, 초원의 양떼를 적군이라 여겨 공격하다 목동들에게 두들겨 맞고, 이발사의 면도용 대야를 황금투구라며 뺏어 쓰고, 허름한 여관을 성이라 우기고, 죄인들을 불쌍한 노예들로 착각하고…. 이런 것만 보면 죄송한 얘기지만 누가 봐도 '또라이'다.

돈키호테가 국내에 처음 등장한 건 1915년이다. 당시 최남선이 '돈기호전기'라는 제목으로 선보인 돈키호테는 스페인 원본이 아닌 일본어판 번역

본이다. 돈키호테가 엉뚱하고 무모한 인물로 굳어진 건 스페인 사회를 반영한 원문도 아닌 데다 이렇듯 일부 황당한 에피소드만 나열한 '돈기호 전기'의 영향이 크다. (잠시 옆으로 새자면 당시 빅토르 위고의《레미제라블》은 우리나라에서 '너 참 불상타'라는 제목으로 나왔다.)

　하지만 그 가볍고 얄팍한 번역본으로 요상한 인간으로만 부각되는 건 돈키호테로선 억울한 일이다. 우리에겐 '풍차들, 양들과 싸우는 괴짜 무용담' 정도로 기억되는 이 작품을 두고 19세기 프랑스 비평가인 생트 뵈브는 '인류의 바이블'이라 했고, 또 다른 비평가 르네 지라르는 "《돈키호테》이후에 쓰인 소설은《돈키호테》를 다시 쓴 것이거나 그 일부를 쓴 것"이라고 했다. 그런가 하면 도스토예프스키는 "전 세계를 뒤집어봐도《돈키호테》보다 더 숭고하고 박진감 있는 픽션은 없다"고 극찬했다. 2002년 노벨연구소가 '역사상 가장 위대한 문학 작품'으로 꼽은 것도 바로《돈키호테》다.

　그런《돈키호테》는 세계에서 성경 다음으로 가장 많이 팔린 책이다. 성경은 엄숙하고 딱딱하지만 돈키호테는 유쾌하고 말랑말랑하다. 우리도 그를 보고 웃었지만 스페인도 마찬가지였던 모양이다. 길에서 눈물까지 줄줄 흘려가며 웃는 이를 보고 당시 왕이었던 펠리페 3세는 이렇게 말했단다. "저건 미친놈 아니면, 돈키호테를 읽는 놈이여~~."

　《돈키호테》의 원제목은 '라만차 지방의 기발한 이달고 돈키호테El ingenioso hidalgo don Quijote de la Mancha'로 당시 유행하던 기사소설을 비꼬는 풍자소설이다. 1부와 2부로 나눠진 책은 두 권 모두 백과사전 저리 가라 할만큼 두툼하다. 그 안에 수백 명이 등장하고 수많은 얘깃거리가 펼쳐진다. 많은 사람들이 돈키호테를 알지만 제대로 다 읽은 사람은 얼마나 될까? 나

역시 수박 겉 핥기 식으로 알았던 돈키호테를 이번 기회에 비로소 제대로 읽었다. 안영옥 교수가 2014년에 완역한 책을 통해서다. 내용이 워낙 방대하기에 간간이 지루한 감도 있지만 두 권을 다 읽고 나니 단순한 풍자소설이 아니었다. 그 안엔 진정한 '인간애'가 담겨 있었다. 그 옛날엔 그저 웃기만 했지만 알고 보니 '웃픈' 소설이다.

소설 속 돈키호테의 본명은 알론소 키하노. 나이 50대 중반(당시로선 상

노인). 직업은 이달고_{하급 귀족}. 취미는 독서(100퍼센트 기사 소설). 좌우명은 '행동한다. 고로 존재한다'.

당시 유행하던 소설은 중세 기사들의 영웅담이 대부분이다. 자신이 흠모하는 고매한 귀부인의 마음을 얻기 위해 허세를 부리며 기꺼이 모험을 감수하는 내용이다. 소설 속 주인공은 대개 왕족이나 고위 귀족들이다. 이 시골 노친네가 그런 기사 소설에 푹 빠져 스스로 기사를 자처하며 지은 이름이 돈키호테다. '돈'은 경칭이고, '키호테'는 허벅지 보호대를 의미한다.

절대왕정 시대에 돈키호테가 꿈꾼 세상은 신분 차별 없고, 누구나 자유롭고 행복하게 사는 정의로운 사회다. 그런 돈키호테는 옛 기사들처럼 이웃 동네 여인_{알돈사}을 귀부인_{둘네시아}으로 격상시켜 상상의 연인으로 삼고 모험을 떠나기로 한다. 고위층들은 여인의 사랑을 얻기 위해 모험을 했지만 이 노인네는 악당을 물리치고 약자를 돕기 위해 길을 떠난다. 자신처럼 노쇠하고 비쩍 마른 말_{로시난테}을 타고 무작정 집을 나섰지만 좌충우돌, 실수 연발 끝에 몽둥이찜질을 당해 만신창이가 되어 집으로 돌아온다.

어느 정도 몸을 추스른 노인은 주위의 만류에도 불구하고 다시금 길을 나선다. 이제부턴 또 다른 사내가 동참한다. 이름하여 산초 판사다. 직업이 판사가 아니라 그냥 이름이다. 산초는 일자무식 가난한 소작인이지만 셈은 빠른 인간이다. 그가 따라나선 건 돈키호테가 싸움에서 이겨 섬의 총독 자리를 주겠다고 꼬드겼기 때문이다. 홀쭉이와 뚱뚱이의 환상 콤비는 이렇게 탄생했다.

의기투합한 두 사람은 역시나 곳곳에서 좌충우돌하며 깨지기 일쑤다. 그럼에도 돈키호테는 꿋꿋하게 강자에겐 강하고 약자에겐 약한 행보를 멈추

지 않는다. 하인에게 일만 잔뜩 시키고 어이없는 트집을 잡아 품삯은 주지 않는 주인처럼 비열한 인간들을 가차 없이 꾸짖고, 돈도 빽도 없는 자들은 포근하게 감싸 안는다. 처음엔 웃다가도 갈수록 마음이 짠해지는 대목이 한둘이 아니다. 사랑 이야기도 다양하다. 이루지 못할 사랑으로 자살한 남자들, 콧대만 내세우다 뒤집어진 짝사랑, 자신의 사랑을 시험해보려다 절친에게 빼긴 사랑…. 그 안에서 진정한 사랑이 무언지 생각해보게 만든다.

　돈키호테를 따라다니며 산전수전 다 겪은 산초는 약속대로 섬 하나의 통

치자가 된다. 돈키호테의 행보에 감동한 영주가 작은 섬을 뚝 떼어준 덕분이다. 돈키호테는 산초에게 이렇게 신신당부한다.

"죄 많은 고관대작이 아니라 후덕한 서민이란 걸 자랑스러워하게. 자네가 덕으로 일을 행한다면 군주나 영주 같은 가문을 부러워할 이유가 없네. 혈통은 이어받는 것이지만 덕은 습득하는 것이네. 절대로 자네 멋대로 법을 만들지 말게나. 그런 건 흔히 똑똑한 체하는 무지한 자들이 하는 짓이네. 부자가 하는 말보다 가난한 자의 눈물에 더 많은 연민을 가지도록 하게. 그렇다고 가난한 자들의 편만 들라는 건 아니네. 정의는 공평해야 하고 개인적인 감정으로 인해 눈이 멀어서는 안 되는 법이니 말일세.'

무식하지만 현명한 산초는 스승님의 조언대로 솔로몬에 버금가는 지혜와 덕을 발휘해 그를 깔보던 섬 주민들의 존경을 받았다.

그럼에도 '돈키호테 구하기' 작전을 펼친 고향 사람들의 속임수에 넘어간 돈키호테는 결국 고향으로 돌아온다. 돌아온 돈키호테는 남들 보기에 제정신을 찾은 듯했지만 시름시름 앓다 이내 숨을 거둔다. 임종을 앞둔 돈키호테에게 달려와 주인님과 함께했던 시절이 가장 행복했다며 어서 일어나 다시 나가자는 산초의 울부짖음에선 진짜 눈물이 날 정도다. 돈키호테의 죽음으로 책장을 덮은 나 역시도 그가 그리워진다.

'그 용기가 하늘을 찌른 강인한 이달고 이곳에 잠드노라.

죽음이 죽음으로도 그의 목숨을 이기지 못했음을 깨닫노라.

그는 온 세상을 하찮게 여겼으니, 세상은 그가 무서워 떨었노라.

그런 시절 그의 운명은 그가 미쳐 살다가 정신 들어 죽었음을 보증하노라.'

누구보다 용감했던 정의의 사나이 돈키호테는 묘비명처럼 미쳐서 살다가 제정신을 찾고 죽었다. 그러나 죽은 사람은 제정신으로 돌아온 늙은 시골 귀족 알론소 키하노일 뿐, 멋지게 미친 돈키호테는 400년이 지난 지금까지 우리들의 영원한 영웅으로 살아 있다.

지지리 복도 없던
'레판토의 외팔이'

"세르반테스의 삶은 온갖 사건과 불행으로 점철되어 있기 때문에, 작가가 쓴 소설처럼 드라마틱하다. 세르반테스는 글 쓰는 방법을 알았고, 돈키호테는 행동하는 방법을 알고 있었다. 이 두 사람은 오로지 서로를 위해 태어난 하나다."

미국의 문학평론가 해럴드 블룸의 말이다. 그의 말처럼 《돈키호테》의 저자 세르반테스의 삶은 돈키호테처럼 내내 고달팠다. 마드리드 인근에서 태어난 세르반테스의 아버지는 의사였다. 당시 의사라는 직업은 요즘 같은 전문직이 아니다. 환자가 오면 그저 피를 뽑거나 고작해야 땀을 흘리게 하는 게 일이었다. 보수도 쥐꼬리만 해 6남매의 아버지는 가족들과 이곳저곳을 전전하는 떠돌이 신세를 면치 못했다. 그 과정에서 세르반테스는 이렇다 할 정규 교육도 받지 못한 것으로 전해진다.

그런 세르반테스가 스물두 살 때 불현듯 이탈리아로 도망간 건 손목이 잘리고 추방되는 중벌을 피하기 위해서다. 당시 왕이 머무는 궁정 앞에선 그 어떤 무기도 꺼내서는 안 되는 게 법이건만 그 법을 어기고 무기를 들고 누군가와 싸운 탓이다. 가까스로 로마에 도착한 그는 추기경의 시복으로 일하다 스페인 무적함대에 자원입대한다. 하지만 1571년, 그 유명한 레판토해전에서 총상을 입어 왼팔을 잃었다. 그의 별명이 '레판토의 외팔이'가 된 이유다. 그럼에도 군복무를 지속한 끝에 1575년 해군 제독의 추천장을 받고 제대했다. 펠리페 2세의 동생이기도 한 제독의 추천장은 출셋길을 터주는 보증서였다.

하지만 세르반테스는 스물넷 팔팔한 나이에 한쪽 팔을 잃은 것도 모자라 노예로 전락한 불운의 사나이다. 추천장을 들고 당당하게 귀국길에 올랐지만 해적선의 습격으로 졸지에 포로가 되었고, 해적이 요구한 몸값을 낼 수 없었기에 알제리로 끌려가 노예로 전락했다. 노예 신분에서 해방된 건 5년 만이다. 십자군전쟁 당시 이슬람 포로로 잡힌 가톨릭 신자들을 구하기 위해 설립한 삼위일체회가 돈을 보태준 덕분에 가까스로 풀려났다. 그 도움이 없었다면 아마도 《돈키호테》는 태어나지 못했을 게다.

천신만고 끝에 마드리드에 입성했지만 '돌아온 외팔이'의 과거 추천장은 이미 무용지물이었다. 나름 전쟁영웅이었건만 공직 진출에 실패한 건 가톨릭으로 개종한 유대인이라는 점도 한몫했다. 생계가 막막해 궁여지책으로 소싯적 글재주를 발휘해 희곡을 펴냈지만 반응은 시원찮았다. 그즈음 시름을 달래기 위해 드나들던 선술집 여인과의 사랑으로 딸을 얻었다. 서른일곱 나이에 얻은 그의 유일한 혈육이다.

딸이 태어난 그해, 세르반테스는 지방 소지주의 딸과 결혼했다. 18년 연하의 새파랗게 어린 신부다. 하지만 그들의 사랑은 그리 절절하진 않았던 모양이다. 깨소금 맛 폴폴 나야 할 신혼임에도 세르반테스는 출판 계약을 이유로 마드리드를 뻔질나게 드나들어 신부를 독수공방하게 만들었다. 그 결과 소설을 펴내 고료를 찔끔 받긴 했지만 생활비 대부분은 아내의 지참금으로 충당했다. 이후 20~30편의 희곡을 더 쓴 것으로 전해지지만 역시나 별 반응이 없자 1587년, 아내를 두고 홀로 세비야로 내려가 한때 자신이 몸담았던 무적함대의 군량미 징발원으로 취직했다. 하지만 이듬해 그 무적함대가 잉글랜드에 무너지면서 일자리를 잃고 말았다. 마땅한 일거리 없이 전전하던 세르반테스는 어렵사리 세금 징수원 자리를 따냈다. 그런대로 생계를 유지하는가 싶었지만 거둔 세금을 몽땅 맡긴 은행이 파산하면서 돈이

날아가는 바람에 오십 나이에 감옥행 신세를 면치 못했다. 출옥 후 마드리드로 돌아온 그는 비로소 아내와 함께 살며 다시 펜을 잡았다. 그렇게 탄생한 게 바로《돈키호테》다.

　1605년에 출간된《돈키호테》는 이전과 달리 그야말로 베스트셀러로 대박이 났다. 출간하자마자 유럽 전역에서 날개 돋친 듯 팔려나갔지만 그의 살림살이는 조금도 나아지지 않았다. 이렇게 대박날 줄 모르고 생활고에 시달려 소정의 원고료만 받고 출판업자에게 판권을 몽땅 넘겨버린 까닭이다. 그 와중에 칼침을 맞은 한 남자가 하필이면 그의 집 앞에서 쓰러져 죽는 바람에 살인 혐의로 가족과 함께 체포돼 한바탕 곤욕을 치르기도 했다.

정말이지 이 아저씨, 지지리도 재수 없는 일만 벌어진다.

책을 쓴 이는 이렇게 나날이 고꾸라지는데 책의 인기는 날이 갈수록 높아갔다. 한데, 베스트셀러를 넘어 10년 가까이 스테디셀러로 자리 잡자 이젠 '애먼 놈'이 무단으로 소설의 속편을 홀라당 내버렸다. 뒤통수를 맞아 열이 받은 세르반테스는 부랴부랴 글을 써서 이듬해인 1615년, 『돈키호테 2부』를 펴냈다. 가짜 후속편 덕분에 진짜가 나온 셈이다. 하지만 늘그막에 너무 혼신의 힘을 다했던 탓일까? 1616년 4월 23일, 세르반테스는 악화된 지병으로 세상을 떠났다. 칠십을 코앞에 둔 예순아홉 때다.

세르반테스는 수많은 명언을 남긴 사람으로도 유명하다. '로마는 하루아침에 이루어지지 않았다'도 그가 남긴 말이다. 사는 내내 가난에 허덕였던 그는 '빵만 있다면 대개의 슬픔은 견딜 수 있다' '내 주머니의 푼돈이 남의 주머니에 있는 거금보다 낫다'면서도 '재산보다는 희망을 욕심내자'고 했다. 그 어떤 것도 이길 수 없는 사랑의 힘을 이렇게 표현했다. '사랑은 이상한 안경을 쓰고 있다. 구리를 황금으로, 가난함을 풍족함으로 보이게 하는 안경을 끼고 있다. 그 안경은 눈에 난 다래끼도 진주알처럼 보이게 한다.'

흥미롭게도 세르반테스가 사망한 그날, 토머스 칼라일이 '인도와도 바꾸지 않겠다'던 영국의 대문호 윌리엄 셰익스피어도 세상을 떠났다. 그들의 후배 시인 윌리엄 워즈워스도 같은 날 죽었다. 이를 기해 유네스코는 4월 23일을 '세계 책의 날'로 지정했다. 스페인에서는 매년 이 날이면 전국적으로 '돈키호테 릴레이 읽기' 행사가 열린다. 그란비아 거리 시작점인 마드리드 스페인 광장엔 세르반테스를 기리는 거대한 기념비가 있다. 근엄한 표정으로 앉아 있는 세르반테스 밑에는 그가 낳은 돈키호테와 산초도 당당하게 서 있다. 기념비 맨 위엔 지구를 머리에 이고 독서하는 사람들도 있다. 이는 전 세계인이 돈키호테를 읽고 있다는 의미다.

그대는 햄릿?
아님 돈키호테?

　　돈키호테 얘기를 이토록 길게 한 건 콘수에그라가 《돈키호테》 무대 중 하나이기 때문이다. 그것도 돈키호테가 벌인 소동 중 가장 유명한 풍차와의 싸움 무대다. 그 풍차마을로 거론된 또 한 곳은 캄포 데 크립타나 마을이다. 둘 다 라만차 지역이라 풍차가 서 있는 풍광에는 별반 차이가 없다. 다만, 콘수에그라는 톨레도에서 손쉽게 오갈 수 있지만 좀 더 먼 캄포 데 크립타나는 대중교통으로 가기엔 다소 복잡하다.

　　톨레도에서 콘수에그라까지는 버스가 하루 여러 차례 오간다. 완행버스로 한 시간 25분 거리다. 콘수에그라는 작은 마을이다. 아담한 광장을 둘러싸고 오밀조밀 형성된 시골마을은 한가롭고 평온하다. 광장 끝에서 고개를 빼 들면 마을 뒤로 볼록 솟은 언덕에 늘어선 풍차가 살포시 엿보인다. 요리조리 휘어지는 골목길은 정겹고 아기자기하다. 그 골목길 끝자락에서 한 차례 가파른 계단을 오르면 이내 풍차를 머리에 인 언덕이 모습을 드러낸다. 그늘막 하나 없는 민둥산 언덕이다. 바람에 하늘거리는 들풀만 무성하다.

　　언덕 오솔길을 한 걸음 한 걸음 내딛다 보면 비로소 돈키호테를 내동댕이친 거인들이 얼굴을 내밀고 이방인을 맞이한다. 파란 하늘 아래 하얀 풍차가 늘어선 소설 속 무대는 그 자체로 서정적이다. 풍차의 언덕답게 바람도 제법 거세다. 그 바람이 온몸을 훑고 지난다. 거칠지만 속이 후련한 '사이다 바람'이다. 바람 부는 언덕 너머로는 메마른 평원이 끝없이 펼쳐진다. 돈키호테가 거인들을 향해 먼지 휘날리며 달려왔을 들판이다.

이상과 현실이 격하게 충돌했던 이곳이 지금은 적막함만 감돈다. 돈키호테를 사정없이 내팽개친 거인의 팔들은 죄다 묶여 있어 거친 바람에도 꿈쩍하지 않는다. 날개가 돌아가지 않는 풍차들은 맥없이 나가떨어진 돈키호테처럼 풀 죽은 모습이다. 하지만 이 거대한 날개들이 풀려 윙윙대며 펑펑 돌아가면 돈키호테처럼 혼이 쏙 빠질 것 같다. 풍차들 사이엔 오랜 세월의 흔적이 묻어나는 고성이 자리하고 있다. 돈키호테의 돌진은 어쩌면 그 안에 살고 있었을 고위층들을 향한 것이었는지도 모른다. 나는 어떤 일에 돈키호테처럼 미쳐본 일이 있던가? 이래저래 돈키호테에 대한 아련한 그리움만 남은 언덕이다.

러시아 작가 이반 투르게네프는 인간은 두 가지 유형이 있다고 했다. '햄릿형'과 '돈키호테형'. 그가 주장한 햄릿과 돈키호테는 이렇다. "햄릿형은 뛰어난 지각력과 깊은 통찰력을 지녔으나 실천력 결여로 세상에 기여하는 바가 하나도 없다. 반면 이상을 향해 용감하게 돌진하는 돈키호테형이야말로 세상을 변화시킨 원동력이었다."

투르게네프는 '우유부단한 햄릿은 자신만을 생각하는 이기주의자'고 '돈키호테는 타인을 위해 자신을 희생하는 스타일'이라 꽝꽝 못 박고 돈키호테 손을 들어주었지만 둘 다 장단점은 있다. 우유부단함은 생각 많은 신중함일 수 있기에 실수가 적다. 반면 묻지도 따지지도 않고 돌진함은 앞뒤 재지 않는 성급함이기에 어처구니없는 실수도 따른다. 물론 햄릿처럼 생각하고 돈키호테처럼 행동하는 게 좋지만 말처럼 쉽진 않다. '장고 끝에 악수 둔다'고 너무 신중해 요리조리 저울질만 하다 보면 버스는 떠나는 법이다.

나는 햄릿형일까 돈키호테형일까? 누군가가 봉변당하고 있는 상황을 가정해본다. 나는 돈키호테처럼 겁 없이 나서지는 못하고, 그렇다고 매정하게 내치지도 못해 상황 봐서 끼어들 심산으로 끝까지 지켜보는 어정쩡한 인간형일 것 같다. 그래도 "사느냐 죽느냐, 그것이 문제로다"라며 끊임없이 물음표만 던지기보다는 "꿈을 꾼다, 이룰 수 없는 꿈일지라도…"에 조금은 더 쏠린다.

Romantic Spain

중세 유럽 최고의 도시
코르도바 Cordoba

코르도바는 '안달루시아의 현관'으로 불리는 도시다. 중세 유럽 최고의 도시였던 코르도바는 이슬람 세력이 지배하던 10세기 즈음에는 인구가 50만 명이 넘었다고 한다. 당시 유럽에서 인구 3만이 넘는 도시가 흔치 않았던 것에 비하면 그야말로 거대도시다. 학문과 예술의 도시로도 명성이 높아 유럽 젊은 이들이 너도나도 유학길에 오른 곳이기도 하다.

당시 흔적이 고스란히 남아 유네스코 세계문화유산으로 지정된 코르도바 역사 지구에서 최고의 명소로 꼽는 곳은 바로 '메스키타'다. 메스키타는 스페인어로 이슬람사원인 '모스크'를 의미한다. 이슬람 성지인 메카의 모스크에 이어 두 번째로 큰 규모를 자랑하는 메스키타는 2만 5,000명이 동시에 입장 가능한 거대한 예배당이다.

　유럽 최고 도시를 이룬 그 옛날의 명성은 일장춘몽
처럼 사라졌지만 후손들이 살아가는 지금의 코르도바
는 여전히 생기가 넘친다. 특히 메스키타 인근 유대인
지구에 숨어 있는 '꽃 골목'은 여행객들로 미어터진다.
두 사람이 지나치면 어깨가 스칠 만큼 좁은 골목에 늘
어선 집들마다엔 창문이든 벽이든 화분들이 줄줄이 달
려 있다. 굳이 꽃이 아니더라도 눈요깃거리가 다양해
인파에 밀리면서도 짜증 나지 않는 묘한 골목길이다.

　코르도바는 파티오로도 유명하다. 파티오는 스페인 특유의 실내정원이
다. 건물로 둘러싸인 안마당을 꽃과 식물로 채운 정원은 보는 것만으로도
싱그럽다. 그 안에서 퐁퐁 솟아나는 분수 소리도 귀엽다. 코르도바에는 이
런 파티오를 품은 저렴한 숙소들이 꽤 많다. 매년 5월, 파티오 축제가 열리
면 코르도바 역사 지구는 온전한 '꽃의 도시'가 된다.

PLAZA
DEL
TRIUNFO

코르도바에는 고대 로마의 흔적도 남아 있다. 과달키비르강을 가로지르는 로마교가 대표적이다. 그 옛날 이슬람 세력이 이 다리를 건너 코르도바로 들어왔고 그 여세를 몰아 톨레도를 비롯해 각지로 퍼져나갔다. 이슬람 편에선 고마운 다리요, 가톨릭 측에선 원망스런 다리였을 터다. 물살이 제법 거세건만 2,000년 세월을 꿋꿋하게 견뎌낸 다리는 지금도 여느 다리보다 튼튼해 보인다.

코르도바는 오페라 〈카르멘〉을 낳은 곳이기도 하다. 오페라의 원작소설 《카르멘》의 작가 메리메는 로마교를 건너는 섹시하고 매력적인 집시 여인을 보고 영감을 받았다고 했다. 보행자 전용 다리인 로마교는 해 질 무렵에 가장 붐빈다. 노을이 가시고 점점이 불을 밝히는 구시가 전경을 온전히 엿보기에 좋기 때문이다. 이 무렵이면 로마교와 어우러진 메스키타 야경을 사진에 담으러 오는 이도 많고 연인들도 속속 등장한다.

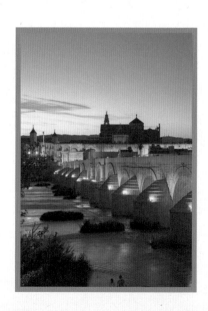

낭만 가득한
오페라의 도시

세비야

Sevilla.

스페인을 넘어
세계를 주름잡던 도시

　　800년간 스페인을 지배하던 이슬람 세력이 완전히 물러간 1492년 이후, 세비야는 코르도바의 뒤를 이어 안달루시아를 뛰어넘는 세계 최대의 도시로 급부상했다. 콜럼버스의 신대륙 발견 덕이다. 당시 무역 독점권을 거머쥔 세비야엔 신대륙에서 건너온 물자가 넘쳐났다. 그에 따라 일거리를 찾아 여기저기서 사람들이 몰려들었다. 세르반테스도 그중 하나였다. 하지만 이리저리 꼬여 감옥을 들락날락했으니 세르반테스에게 세비야란 희망을 품고 왔다 치욕을 안고 떠난 땅일 뿐이다. 세르반테스는 세상을 떠났지만 여전히 건재한 세비야는 지금도 스페인에서 랭킹 4위인 도시이다.

　　코르도바를 가로지른 과달키비르강은 세비야에서 더욱 넓은 물줄기로 흘러간다. 그 강줄기에 도착한 건 코르도바에서 버스를 타고 2시간 가까이 지나서다. 아르마스 터미널에서 접한 세비야는 세련미 촬촬 흐르는 현대적인 분위기다. 세비야의 주요 관광지는 이곳에서 좀 떨어진 구도심 지역이다. 유람선이 떠다니는 강줄기를 따라 걸어갔다. 햇볕은 따가웠지만 간간이 부는 강바람에 그럭저럭 견딜 만했다.

쉬엄쉬엄 걷다 강변에 자리한 투우장도 마주했다. 세비야의 투우장은 외관이 깜찍하다. 흰색과 겨자색이 섞인 건물 윗부분엔 까만 눈동자 같은 동그란 창문 두 개가 나란히 나 있다. 앞에서 보면 눈을 동그랗게 뜨고 쳐다보는 것 같고 옆에서 보면 살짝 흘겨보는 것 같아 웃음이 났다.

세비야 구도심의 랜드마크는 대성당이다. 지금도 만만찮은 도시지만 이 성당은 그 옛날 세비야가 얼마나 번성했던 곳인지를 말없이 보여준다.

"이것을 본 세상 사람들이 우리를 미쳤다고 할 만큼 거대하게 지으시오!"

가톨릭 성당 참사회의 지침이다. 페르난도 3세가 코르도바에 이어 1248년에 세비야를 탈환한 후 이 자리에 있던 이슬람사원은 무너져 내렸다. 대신 참사회 지침을 받들어 1401년부터 짓기 시작한 성당은 크고 또 크게 짓느라 100여 년의 세월을 거쳤다. 그렇게 공들인 세비야 대성당은 그들의 바람대로 세상에서 가장 큰 덩치로 태어났다. 하지만 으뜸 체격도 나이가 들면서 바티칸의 성 베드로 대성당에게 밀려났다. 이후 좀 더 젊은 브라질 아파레시다 대성당에도 밀려 지금은 세계에서 세 번째로 큰 규모이자 유네스코 세계문화유산이다.

스페인에서 가장 큰 세비야 대성당은 바짝 다가서면 '장님 코끼리 만지는 격'이다. 웬만큼 물러서도 보는 방향에 따라 모습이 다르니 여간해선 온전한 몸체를 보기가 힘들다. 옆을 보는 것도 벅차고 위를 보는 것도 버겁다. 성당 한 모퉁이에 한없이 우러러봐야 하는 히랄다탑이 있기 때문이다. 그 옛날 이슬람 신자들의 기도 시간을 알리던 첨탑이다.

히랄다탑은 이슬람 세력인 알모아데족이 울며 겨자 먹기 식으로 남긴 선

물이다. 페르난도 3세가 세비야를 접수할 때 알모아데족은 당시 유럽에서 최고 높이를 뽐낸 이슬람의 상징이 가톨릭에 의해 무참히 허물어질 것을 염려했다. 해서 조용히 물러가되 탑은 자신들의 손으로 부수고 갈 것을 요구했다. 하지만 가톨릭의 반응은 뜻밖이었다. 탑의 가치를 안 페르난도 3세 측은 '행여 벽돌 한 장이라도 빼내면 세비야에 있는 이슬람교도 모두를 죽이겠노라'는 엄포로 생채기 하나 없이 탑을 살려냈다.

히랄다Giralda는 풍향계란 의미다. 대성당으로 변신할 때 첨탑 꼭대기에 종루를 덧붙이고 풍향계를 단 승리의 여신상이 올라서면서 붙은 명칭이다. 탑 꼭대기에 있는 여신상은 성당 입구에도 똑같은 모습으로 서 있다. 이슬람과 가톨릭 문화가 공존하는 히랄다탑은 건물로 치면 30층에 달하는 높이이기에 전망대로선 최고다. 탑 위로 오르는 길도 독특하다. 여느 탑들처럼 가파른 계단이 아니라 완만한 경사를 이룬 평평한 길이기에 높지만 오르는 데 그리 힘들진 않다. 이는 당시 이슬람 왕이 말을 타고 쉽게 오르내릴 수 있도록 한 결과다.

대성당은 몸체만 큰 게 아니라 몸속도 으리으리하다. 박물관이라 해도 손색없을 만큼 예술품이 가득한 건 물론 1.5톤에 달하는 황금으로 장식한 중앙제단은 화려함의 극치를 보여준다.

세비야 대성당은 그 많은 황금을 가져온 콜럼버스가 영원히 잠든 곳으로도 유명하다. 성당 한쪽에 있는 그의 관은 네 명의 스페인 왕들이 손수 어깨에 둘러메고 있어 허공에 둥둥 떠 있다. 신대륙 발견으로 세비야를 세계 최고 도시로 만들어준 것에 대한 보답으로 그렇게 받들어 모시고 있는 걸까? 물론 그런 마음도 있겠지만 그 이유는 아니다. "죽어서도 스페인 땅을

밟지 않겠다"는 콜럼버스의 유언 때문이다. 그는 왜 이런 말을 남기고 죽었
을까? 다소 복잡한 그 이유는 그라나다 편에 자세히 언급되어 있다.

　어쨌든 콜럼버스의 관을 멘 네 명 중 앞쪽의 두 왕은 공사가 다망하다.
오른쪽 발을 만지면 연인과 세비야를 다시 찾게 된다 하고, 왼쪽 발을 만
지면 부자가 된다는 속설에 유난히 발이 빛난다. 손 터치 한 번씩에 사랑
과 부를 얻는다는데 누가 마다하랴. 그 은총을 베풀어야 하는 왕들의 심정
은 어떤지 은근 궁금하다. 너도나도 만져대 반질반질 빛이 나서 좋은 건지
껍질 벗겨지듯 해서 괴로운 건지…. 왕들은 묵묵부답이지만 성당은 후자를
택했는지 아예 접근 금지 띠를 둘러놓았다.

키스를 부르는
산타크루스 골목길

대성당 코앞에 있는 알카사르는 유럽에서 가장 오래된 궁전이다. 그 알카사르 성벽 앞은 산타크루스 지구다. 가톨릭 지배 이후 세비야 귀족들은 대성당과 왕궁을 코앞에 둔 이곳으로 속속 몰려들었다. 빼곡하게 들어선 그들의 집들은 번듯했지만 길은 번듯하지 못했다. 이슬람 지배 시절 유대인 거주지였던 탓이다. 좁디좁은 통로들이 미로처럼 얽혀 있어 톨레도 못지않게 헤매게 되는 길이다. 그 안에서도 유난히 좁은 길은 한 사람이 겨우 빠져나갈 정도다. 돌출된 창밖으로 몸을 쭉 빼면 앞집 사람과 입맞춤도 충분해 '키스 골목'이라 일컫기도 한다. 고개가 끄덕여진다. 앞집 여인과 은밀하게 키스하다가도 시침 떼기 딱 좋은 골목이다.

이곳은 돈 후안의 은밀한 애정 행각에 일조한 곳으로도 등장한다. 돈 후안은 카사노바와 쌍벽을 이루는 바람둥이의 대명사로 꼽히는 남자다. 카사노바는 실존 인물이지만 돈 후안은 스페인에서 떠돌던 전설적인 인물이다. 둘 다 둘째가라면 서러울 천하의 바람둥이이긴 했지만 카사노바가 여성의 마음을 파고든 로맨티스트라면 돈 후안은 여자의 몸만 파고든 동물적인 남자였다. 평생 여자를 농락하는 게 인생 목표였다는 전설적 바람둥이 돈 후안의 실체는 17세기 스페인 작가 티르소 데 몰리나의 희곡《세비야의 방탕아와 석상의 초대》에 의해 낱낱이 드러났다. 이후 영국 시인 바이런을 비롯해 많은 이들이 돈 후안을 풀어냈다. 그들의 돈 후안은 저마다 조금씩 다르지만 기본 맥락은 비슷하다. 그중 우리에게 가장 익숙한 돈 후안은 모차르

트의 오페라 〈돈 조반니〉다.

어쨌든 빵빵한 배경에 얼굴도 반반한 이 남자는 뻔뻔하기 그지없다. 남도 아닌 친구의 약혼녀를 농락하던 그는 여인의 아버지에게 들켜 살인까지 저지르지만 교묘하게 빠져나간다. 또 결혼식까지 버젓이 올린 아내를 하룻밤 만에 내치고 떠나버린다. 그러자 돈 후안의 하인은 홀로 남은 여인에게 이제까지 주인님이 농락한 여자들 이름을 꼼꼼하게 적은 수첩을 펼쳐 보인다. 거기엔 국적, 나이, 신분을 불문하고 무려 2,000명이 넘는 여인들이 빼곡하게 들어 있다.

'싸우는 시어미보다 말리는 시누이가 더 밉다'는 말처럼, 안 그래도 하루아침에 버림받아 속이 문드러지는 판에 차라리 모르는 게 약이었을 남편의 행태를 조근조근 짚어주며 약을 올린 하인이 꼭 그 짝이다. 새 신부를 두고 내뺀 돈 후안은 갓 결혼할 남의 신부에게 또 눈독을 들인다. 그 '작업'에 영락없이 무너진 예비신부 또한 버림받은 건 마찬가지. 살인죄, 혼인빙자간음죄를 밥 먹듯 저지른 가정 파괴범은 벌 받아 마땅하지만 미꾸라지처럼 잘도 빠져나간다.

'귀신은 뭐하나? 저런 인간 데려가지 않고….' 그에게 농락당한 여인들은 모두 이런 마음으로 복수의 칼을 간다. '여자가 한을 품으면 오뉴월에도 서리가 내린다'고 숱한 여인들을 피눈물 나게 한 그는 결국 지옥행을 면치 못한다. 여인들의 한이 전달된 걸까? 책임의식도 죄의식도 없는 '뻔뻔남'을 지옥으로 끌고 간 건 귀신이다. 바로 자신이 죽인 친구 약혼녀의 아버지 봉분에 세운 석상이니 말이다.

돈 후안도 문제지만 그의 작업에 걸려든 여인들도 문제요, 주변 사람들

도 문제다. 뭔가 미심쩍으면서도 예비신랑을 두고 넘어간 여인은 그의 뒷
배경에 흔들렸고, 시골 촌놈 사위보단 귀족 사위가 탐나 슬쩍 눈감은 장인
도 할 말은 없을 게다. 돈 후안의 아버지 또한 아들의 버릇을 고치지 못했
고 왕 역시 측근 귀족을 감싸느라 방관했다. 제정신을 가진 이는 오로지 딸
을 농락한 놈과 싸우다 죽은 아버지뿐이다. 그러니 돈 후안이 이렇게 강변
할 만도 하다.

'돈과 권력에 약한 니들 책임이지, 내 책임 아니야~.'

요즘도 이렇게 돈과 빽을 믿고 개망나니짓을 하는 인간들이 심심찮게 나
온다. 천하의 나쁜 짓을 하고도 처벌받지 않고 요리조리 빠져나가는 이들
도 너무나 많다. 그것이 우리를 슬프게 한다.

산타크루스 골목 안에 있는 호스텔 델 로렐La Hosteria del Laurel은 19세기
극작가 '호세 소리야 이 모랄'의 작품을 통해 돈 후안과 귀부인의 밀회 장
소였던 것이 알려지면서 인기를 누리고 있다. 그런가 하면 산타크루스 지
역 안쪽 작은 공원에는 돈 후안 동상도 있다. 그 바람둥이 손에 누군가가
빨간 장미를 쥐여줘 돈 후안은 이곳에서도 본의 아니게 여인들을 유혹하는
모습이다.

살포시 다가온 사랑의 입술…. 감미롭고 짜릿한 키스를 두고 소크라테
스는 '마음을 빼앗는 가장 힘세고 위대한 도둑'이라고 했다. 연인과 함께한
여행이라면 남몰래 키스하기 딱 좋은 이 골목에서 짜릿한 키스 한 번 해봄
직도 하다.

오페라의 무대가 된
사랑의 도시

　세비야는 오페라의 도시다. 우리에게 너무나 잘 알려진 〈카르멘〉도 세비야를 무대로 한 오페라다. 〈카르멘〉은 약혼녀까지 있는 순진한 청년이 매력적인 집시 여인의 유혹에 넘어가 결국 인생까지 망치는 내용이다. 그 첫 무대는 세비야의 담배공장에서 시작된다. 담배는 당시 신대륙에서 건너온 최고의 히트 상품이었다. 1726년에 들어선 세비야 담배공장은 유럽 곳곳의 공장 중 단연 최고였다. 하지만 통풍도 안 되는 작업 환경은 그야말로 최악이었기에 직공 대부분은 집시 여인들이었다.

　잠깐의 휴식 시간을 맞아 담배공장 아가씨들이 공장 밖으로 쏟아져 나온다. '사랑은 반항하는 새와 같은 것, 날 잡을 테면 잡아봐~' 뭇 남자들 사이에서 인기 짱이던 카르멘도 이렇게 노래하며 나타난다. 그런데 침을 질질 흘리는 다른 남자들과 달리 눈길을 주지 않는 한 남자가 있었으니… 앞길이 창창한 군인 돈 호세. 오기가 발동한 카르멘은 그에게 다가가 추파를 던진다. '날 좋아하지 않는다면 내가 좋아해주지, 내가 좋아하면 그땐 조심해야 돼~' 자신만만한 카르멘은 꽃 한 송이를 그의 가슴팍에 던지고 돌아선다. 마음을 숨기고 애써 눈길은 주지 않았지만 돈 호세 또한 매력적인 여인에게 끌릴 수밖에 없던 남자다.

　그리고 잠시 후, 카르멘은 동료와의 싸움 끝에 폭행죄로 체포된다. 운명의 장난이런가. 하필이면 그 연행자가 돈 호세다. 카르멘의 유혹에 넘어가 그녀를 도망치게 한 돈 호세는 직무유기죄로 영창 신세를 면치 못한다. 영

창에서 풀려난 돈 호세가 카르멘을 다시 만난 곳은 산타크루스 지역의 작은 선술집. 도망치던 카르멘이 넌지시 만나자 했던 집시들의 아지트로, 또 다른 남자가 끼어들어 삼각관계가 싹튼 곳이다.

사랑은 타이밍이다. 타이밍이 어긋나면 아무리 애써도 안 되는 게 사랑이다. 돈 호세가 놓친 타이밍은 한두 번이 아니다. 이 선술집에선 세비야 최고 투우사인 에스카미요가 한발 앞서 나타나 야릇한 밀당을 하고 돌아간 참이다. 그때만 해도 카르멘의 마음은 돈 호세에게 기울어져 있었다. 그러나 자기 때문에 고생한 남자를 위해 카르멘이 열과 성의를 다해 노래하고 춤추며 보답하는 그때 하필이면 귀대를 알리는 나팔 소리가 울린다. 돌아가야 하는 남자에게 샐쭉 토라진 여인은 '사랑한다면서 왜 떠나. 나야, 부대야~' 선택을 강요한다. 남자를 배려해주지 못하는 여자도 문제고 거기에 또 넘어가는 남자도 문제다. 마음 약한 이 남자, 귀대 시간을 넘겨가며 이렇게 노래한다.

"네가 던진 이 꽃은 감옥 속에서도 놓지 않았어. 시들고 말랐지만, 달콤한 향기를 지니고 있어. 그 향기에 빠져 한밤중에도 당신이 떠올랐지. 너를 저주하고 미워하자 결심하고 스스로 되묻기도 했어. 왜 여자로 인해 내 앞길을 가로막는지…. 그래도 내 하나의 소망은 너를 다시 만나는 것…. 이미 나는 네 것이었어…."

자신에게 눈길도 주지 않던 남자가 자신이 던진 꽃 하나를 시들어 빠질 때까지 간직하며 생각했다니 토라졌던 여자의 마음도 풀어진다. 그쯤에서 부대로 복귀했으면 좋으련만…. 그는 여자의 유혹에 못 이겨 아예 군대까지 이탈하고 카르멘의 동료들인 밀수꾼과 한패가 되고 만다.

이처럼 돈 호세의 사랑은 일편단심 민들레지만 카르멘에게 사랑이란 움직이는 것. 밀수꾼 소굴에서 돈 호세의 사랑이 점점 타오를 때 카르멘의 사랑은 점점 식어만 간다. 서로를 향한 미소도 남자는 진심이지만 여자는 건성이다. 달콤했던 사랑이 씁쓸하게 변할 즈음인 바로 그 타이밍에 돈 호세의 약혼녀와 투우사 에스카미요가 등장한다. 딴 남자의 구애에 흔들리는 카르멘을 두고 떠나기도 뭐하고, 위독한 어머니가 아들을 애타게 기다린다며 함께 돌아가자는 약혼녀의 애원도 뿌리치지 못하는 이 남자. 마음은 카르멘행, 몸은 어쩔 수 없이 고향행이다. 그 처사에 심사가 뒤틀린 여자는 우유부단하고 징징대기까지 하는 남자를 떨치고 인기 만점 투우사에게로 사랑을 갈아탄다.

그들이 또다시 만난 건 투우장 앞. '다시 사랑하자' 매달리는 남자에게 여자는 너무나 싸늘하다. 절반의 애원, 절반의 협박으로 사랑을 되돌리려 했지만 남자는 결국 돌이킬 수 없는 그녀의 마음, 그녀의 가슴에 칼을 꽂는다. 어긋난 사랑은 서로에게 고통이다.

프랑스 작곡가 조르주 비제의 오페라 〈카르멘〉은 세계적으로 무대에 가장 많이 오르는 작품이다. 하지만 비제의 최고 걸작이자 히트작인 〈카르멘〉이 1875년 파리에서 첫선을 보였을 땐 쓰레기 같은 작품이라며 맹비난을 받았다. 그도 그럴 것이 당시 우아한 오페라만 접하던 중산층 관객들 앞에 유대인보다 천한 대접을 받던 집시들이 떼거지로 나오고, 여자들은 천박하게 싸우고, 버젓한 군인이 미천한 집시 여인에게 빠져 반미치광이가 되다시피 하여 치정살인죄를 저지르는 것으로 막을 내리니 고상한 관객들의 심기가 심히 불편했을 만도 하다.

비제는 매우 여린 사람이었던 모양이다. 모든 열정을 쏟아부은 자신의 야심작이 '막장 오페라'로 낙인찍혀 마음고생이 심했던 비제는 협심증에 스트레스, 종양까지 도져 결국 3개월 만에 세상을 떠났다. 서른일곱 나이에 요절한 그 또한 고흐처럼 조금만 더 살았더라면…. 3개월만 더 살았더라면…. 아쉽게도 그가 죽자마자 유럽 전역에서 〈카르멘〉 돌풍이 일었다.

공연이 거듭될수록 비난은 온데간데없고 찬사만 쏟아졌다. 독일 작곡가 리하르트 슈트라우스는 "음표 하나 버릴 게 없다"며 치켜세웠고, 브람스는 〈카르멘〉의 열혈 팬이라 고백했다. 그런가 하면 차이코프스키는 "세계에서 가장 유명한 오페라가 될 것"이라고 확신했다. 오늘날 〈카르멘〉은 세계에서 가장 사랑받는 오페라가 되었으니 그의 예언이 적중한 셈이다. 뿐만 아

니라 1845년에 발표된 후 줄곧 별 볼 일 없던 메리메의 원작 소설《카르멘》
도 비제 덕분에 덩달아 유명해졌다.

　그 〈카르멘〉을 나도 10여 년 전 잠실종합운동장에서 본 적이 있다. 사실
오페라는 줄거리를 모르면 지루하다. 당시 내용은 대충 알았지만 외국어로
부르는 가사가 어느 대목인지 짐작하는 데는 애를 좀 먹었다. 그래도 경쾌
한 전주곡을 시작으로 카르멘이 추파를 던지며 노래하던 '하바네라' '세기
디야', 박력 넘치던 '투우사의 노래', 돈 호세가 절절한 심정으로 부르던 '꽃

노래' 등에 빠져 몇 시간이 그리 지루하진 않았다. 이처럼 〈카르멘〉의 성공 요인에는 경쾌하고, 때론 애절하고, 때론 우렁차게 흘러나오는 다채로운 음악의 공이 크다. 예민한 성격의 비제가 속병이 날 만도 했겠다.

어찌 됐건 〈카르멘〉 무대를 연 담배공장은 오늘날 세비야대학교 캠퍼스로 변신했다. 담배공장 아가씨들이 재잘거리면서 오가던 곳을 지금은 그 또래의 여대생과 남학생들이 드나든다. 카르멘은 비극으로 끝났지만 그 안에서 오다가다 이끌린 청춘들의 사랑은 해피엔딩이기를….

젊은 남자와 늙은 남자의 사랑 쟁탈전

세비야엔 카르멘 못지않은 유명인사가 또 있다. 로시니의 오페라 〈세비야의 이발사〉에서 동에 번쩍, 서에 번쩍, 번갯불처럼 나타나던 피가로다. "피가로~ 여기, 피가로~ 여기, 피가로~ 여기!" 세비야 사람들은 무슨 일만 생겼다 하면 만능 해결사인 피가로를 찾는다. 〈세비야의 이발사〉는 한 여인을 두고 젊은 남자와 늙은 남자가 사랑 쟁탈전을 벌이는 이야기다. 그 승패를 가른 일등공신이 바로 '꾀돌이' 피가로다.

젊은 남자는 알마비바 백작. 우연히 아리따운 처녀 로시나를 보게 된 그는 '완전 내 스타일~'인 그녀를 얻고자 애를 쓰지만 접근조차 못한다. 나이도 많고 의심도 많은, 그녀의 유일한 후견인이 철통같이 버티고 있기 때문이다. 게다가 이 영감님, 욕심도 많다. 몸은 늙었지만 마음은 이팔청춘이라

고, 젊은 처녀도 욕심나고 그녀의 막대한 유산도 탐나 결혼까지 꿈꾼다.

노인네의 철통 방어에 막힌 백작은 수완 좋은 피가로에게 도움을 요청한다. 이에 피가로는 '우선 외곽에서 가볍게 잽을 날리며 치고 빠지다 코앞에서 어퍼컷으로 결정타를 날리라'고 코치해준다. 피가로의 전략대로 백작은 우선 평민으로 가장해 매일 밤 로시나의 창문 밑에서 사랑의 세레나데를 부르고 사라진다. (산타크루스 지역 끝자락에 펼쳐진 무리요 공원 인근에 로시나의 마음을 얻기 위해 백작이 애타게 노래하던 무대로 등장한 집이 있다지만 찾

진 못했다.) 평민으로 분장한 것 또한 피가로의 코치다. 당시에는 귀족들이 평민 처녀들을 농락하고 버리는 일이 다반사였기에 로시나가 경계할지 모른다는 이유에서다.

어쨌거나 새장 속의 새처럼 갇혀 지내던 이 아가씨, 밤마다 노래하는 그 청년이 은근 기다려진다. 얼마간 내숭을 떨던 로시나는 결국 청년의 세레나데에 화답하며 '몰래 데이트'를 즐기려 했지만 영감님의 감시망에 걸려 실패. 다음은 막무가내 전법이다. 술에 취한 군인으로 변장해 무작정 집에 쳐들어갔지만 또 실패. 영감님의 신고로 경찰에 체포까지 됐지만 신분을 밝힌 즉시 풀려난다. 귀족 '빽'이 세긴 셌던 모양이다.

풀려난 백작은 이제 평소 로시나의 집을 드나들던 음악선생 대타로 위장해 버젓이 그녀의 집을 방문한다. 앓아누운 스승님 대신 왔다는 남자가 뭔가 수상쩍긴 하지만 영감님은 레슨을 허락한다. 진짜 선생이 멀쩡한 상태로 나타나는 바람에 또다시 위기를 맞지만 피가로의 재치로 전세는 역전된다. 노래하던 그 청년이 자신이요, 실은 백작이라 신분을 밝힌 알마비바는 진짜 음악선생을 매수해 자신과 로시나의 결혼 서약 공증인으로 내세운다. 뒤늦게 속은 걸 안 영감님이 번개처럼 달려오지만 이미 게임 끝. 백작은 아쉬워하는 영감을 돈으로 무마한다. 백작은 사랑을 얻고 영감님은 돈을 얻었으니 피가로의 작전은 누구의 압승도 아닌 무승부이런가.

로시니의 〈세비야의 이발사〉는 프랑스 극작가 보마르셰의 동명 희곡을 바탕으로 한 오페라다. 〈카르멘〉과 달리 밝고 로맨틱한 내용이다. 그럼에도 1816년 로마에서 첫 무대를 열었을 때에는 〈카르멘〉 못지않게 실패했다. 로시니의 대선배인 파이시엘로와 그 추종자들의 조직적인 방해 때문이다. 원

래 〈세비야의 이발사〉가 오페라로 첫선을 보인 건 1782년 파이시엘로에 의
해서다. 당시 이탈리아에서 이름을 날리던 파이시엘로의 작품으로 〈세비야
의 이발사〉는 수십 년간 유럽 전역에서 인기를 누렸다.

대성공을 거둔 선배의 작품과 같은 소재로 무대에 올리는 로시니는 한편
으론 불안했지만 과감하게 도전했다. '번개 작곡자'로 유명했던 그는 불과
13일 만에 오페라를 완성했다. 공연이 임박하자 알려지지 않은 이전 곡을
서곡으로 갖다 붙이기도 했다지만 어쨌든 놀라운 작곡 속도다. 스물네 살
청년은 할아버지뻘 대선배에 대한 예의로 제목은 달리했다.

우아한 클래식은 침 삼키는 소리도 조심스러울 만큼 불편하지만 발랄한
코믹 오페라는 키득대며 살짝 웃는 정도는 실례가 아니다. 하지만 떼로 몰
려온 파이시엘로의 열성 팬들은 해도 너무했다. 휘파람에 야유를 퍼부으며
공연을 방해했고 심지어 고양이를 풀어 무대를 엉망진창 난장판으로 만들
었다. 관객은 오페라가 아닌 그 황당한 분위기에 박장대소했다니 어찌 보
면 방해가 아닌 도움이었는지도 모를 일이다.

같은 소재라 해도 두 작품의 분위기는 사뭇 다르다. 여주인공의 아리아에
치중했던 선배의 무대는 우아하지만 뭔가 밍밍하다. 하지만 후배의 무대는
싱싱하다. 유쾌·상쾌·통쾌하게 전개되는 스토리에 걸맞게 통통 튀는 멜로
디와 중창에 합창까지 절묘하게 배합되어 생동감이 넘친다. 마치 영감님과
젊은 백작 간의 일방적인 줄다리기요, 흑백 대 컬러 TV를 보는 느낌이었을
터다. '오페라의 신동'이라 일컫던 후배의 능력을 대선배는 아마도 예견했
던 모양이다. 후배의 무대를 망친 벌일까? 파이시엘로는 바로 그해 세상을
떠났다. 대선배가 죽은 후에야 〈세비야의 이발사〉라는 제목을 달게 된 로시

니의 오페라가 승승장구하면서 파이시엘로의 작품은 차츰 잊혀갔다.

사랑이 피어나는
세비야 밤거리

세비야대학 끝에서 대로를 건너면 마리아 루이사 공원과 마주하게 된다. 애초 마리아 루이사 공작부인의 정원이었으나 1893년 세비야 정부에 기증해 지금은 시민들의 소중한 휴식처가 되어주는 곳이다.

마리아 루이사 공원과 연결된 스페인 광장은 독특하다. 우선 반원형 건물이 우아한 병풍처럼 둘러진 광장은 웅장하면서도 아늑하다. 1929년 박람회를 위해 건립된 이 건물은 지금 세비야주 정부청사로 사용되고 있다. 관광마차들이 수시로 들락거리는 광장을 둥글게 감싼 수로를 따라 선상 데이트를 즐기는 연인들도 많다.

하지만 이곳의 자랑은 뭐니 뭐니 해도 광장을 뒤덮은 타일 장식이다. 수로를 가로지르는 아치형 다리들엔 섬세한 타일 장식이 빈틈없이 채워져 있다. 그 자체가 하나하나의 예술품으로 건너기도 황송하다. 게다가 반원형 건물 벽면을 따라 색색의 타일로 장식된 벤치들은 단순한 의자가 아니다. 디귿자 형태로 연결된 58개의 벤치에는 스페인을 대표하는 도시들의 특성이 고스란히 담겨 있다. 바닥엔 해당 도시의 지도가, 벽면엔 그 도시를 대표하는 건축물이나 역사적 사건들이 담겨 있다. 그러니 이 벤치들만 꼼꼼하게 엿봐도 스페인의 '엑기스'를 두루 맛보는 셈이다.

스페인 광장은 몇 년 전 김태희가 붉은 드레스를 입고 플라멩코를 춘 모 CF의 배경에도 등장했던 곳이다. 그만큼 세비야는 플라멩코의 도시로도 유명하다. 산타크루스 골목을 비롯해 세비야 구석구석엔 플라멩코 공연장이 부지기수다. 전문 공연장부터 작은 선술집에 이르기까지 장소도 다양하고 관람 형태도 다양하다. 우리가 들어선 공연장은 코스를 갖춘 식사, 간단한 타파스, 음료만 마시거나 맨입으로 구경하느냐에 따라 관람료가 달랐다. 당연한 이치지만 돈을 한 푼이라도 더 내는 사람이 무대 코앞에 앉는다기에 잠시 망설이다 기왕이면 저녁까지 해결하며 코앞에서 보기로 했다.

플라멩코는 노래와 춤, 기타 반주가 어우러진 삼박자 예술이다. 때문에 공연장에서 분위기 띄운다고 어설프게 박수를 치는 건 실례다. 척척 맞는

그들만의 삼박자를 방해하기 때문이다. 그 호흡에 맞춰 춤추는 무용수들은 하나같이 육감적이다. 그중에서도 나이 지긋한 한 여인이 유독 눈에 들어왔다. 연륜이 팍팍 묻어나는 유연한 허리 놀림, 경쾌한 발놀림, 요리조리 움직이는 손끝에도 소울이 배어 있다. 땀방울이 몽글몽글 맺힌 얼굴과 살포시 피어나는 매력적인 미소에 넋을 잃은 내 눈은 공연 내내 그녀만 따라다녔다.

밤빛이 무르익을 즈음, 거리 곳곳에서도 플라멩코 공연이 펼쳐진다. 공연장에서 보는 정식 공연에 비하면 조금 어설프지만 행인들의 발길을 잡기엔 손색없는 데다 공연자나 관객들도 좀 더 자유롭다. 박수를 유도하는 공연자들에 이끌려 함께 손뼉을 치며 즐기니 오히려 더 흥겹다.

어느 가로등 불빛 아래선 탱고 커플이 춤을 추기도 했다. 플라멩코와 경쟁하듯 찰떡 호흡을 맞춰 고개를 절도 있게 좌우로 돌려가며 춤추는 우아한 몸놀림이 예사롭지 않았다. 이 음악 저 음악에 맞춰 또각또각 지나가는 관광마차의 말발굽 소리도 유난히 경쾌하게 들려온다.

그런가 하면 엔카르나시온 광장을 차지한 메트로폴 파라솔은 야간 데이트 명소로 인기 만점이다. 밑에서 보면 송이버섯 같고, 위에서 보면 먹음직스런 와플 같은 이곳은 세비야의 신세대 랜드마크로 떠오른 공중전망대다. 엘리베이터를 타고 옥상에 오르면 구불구불 이어지는 재미있는 통로를 따라 세비야 야경을 엿보는 맛이 근사하다. 참고로 이곳 입장권은 와인, 맥주, 커피 등을 골라 마실 수 있는 교환권이다.

그 세비야의 밤거리에선 수많은 연인들이 사랑을 속삭인다. 안 보면 궁금하고, 보고 있어도 보고 싶은 그 사랑의 열정도 시간이 지나면 식게 마련이니 그들 중 어떤 이의 사랑은 변할 것이다. 달콤했던 간섭도 어느 순간 짜증 나는 구속으로 받아들여질 것이다. 시시콜콜 모든 것을 알고 싶은 게 사랑이요, 알고 나면 시들해지는 게 사랑이다. 그래도 사람들은 사랑에 빠지길 원한다. 이제 막 사랑에 빠지는 순간만큼 아름다운 설렘은 없기에 말이다.

로맨틱한
연인들의 선택

론다

Ronda·

론다 최고의 명물,
누에보 다리

'사랑하는 사람과 로맨틱한 시간을 보내기 좋은 곳'.

론다를 두고 헤밍웨이가 한 말이다. 안달루시아 남부 소도시인 론다는 해발고도 750미터에 펼쳐진 산마을이다. 지대가 높으니만큼 들어서는 길도 만만치 않다. 그럼에도 꼬불꼬불 산길을 마다 않고 수많은 여행자들이 이곳으로 오는 건 론다만의 독특한 풍경 때문이다. 아찔한 절벽 위의 도시 론다는 톨레도 못지않은 요새 같은 풍모다. 일부 여행정보서엔 세비야나 말라가에서 당일치기로도 충분하다지만 사실 당일치기로는 좀 빠듯하고 피곤하다. 하루 정도는 묵어야 맘 편히 둘러볼 수 있는 곳이다.

세비아에서 론다까지는 버스로 두 시간 30분이 족히 걸린다. 차창 밖으로 펼쳐진 풍경은 대부분 올리브밭이다. 간간이 부드럽게 솟은 야트막한 언덕들은 언뜻 경주의 왕릉 같다. 론다 버스터미널은 세비야와 달리 작고 소박하다. 그래도 당일치기 여행자를 위함인지 작은 터미널 안엔 짐을 맡기는 곳도 있었다.

터미널에서 10분가량 걷다 멈춘 곳은 알라메다 델 타호 광장. 예약해둔 숙소가 이 광장 앞에 있었다. 짐을 풀고 들어선 광장은 그저 넓은 마당이 아닌 싱그러운 공원 분위기다. 아이와 함께 산책 나온 젊은 부부들, 조르르 모여 앉아 담소를 즐기는 노인들, 방과 후 몰려다니며 까르르 수다 떠는 학생들…. 평화롭고 생기 넘치는 분위기다.

광장 끝자락은 더 이상 발을 디딜 수 없는 절벽이다. 난간을 잡고 내려다보니 아득한 낭떠러지. 보기만 해도 아찔해 엉덩이는 저절로 뒤로 쭉 빠지고 다리는 후들거리지만 깎아지른 절벽이 오른쪽 왼쪽으로 길게 연결된 모습이 절벽 도시의 위용을 실감케 했다. 그야말로 자연이 빚은 거대한 예술품이다. 까마득한 발밑 아래 펼쳐진 들녘에서 간간이 오가는 사람들이 마치 개미처럼 꼬물거리는 모습이니 자연 앞에서 인간이 얼마나 작은 존재인지도 새삼 느껴진다.

이곳에서 구시가로 향하는 절벽 산책로에는 곳곳에 전망대가 마련돼 있다. 절벽 바깥으로 툭 튀어 나간 어느 전망대 앞에선 한 여인이 하프를 연주하고 있었다. 탁 트인 자연 속에 울려 퍼지는 아름다운 선율과 바람결에 하늘대는 여인의 머리카락이 언뜻 영화의 한 장면 같은 느낌이다. 울퉁불퉁 거친 절벽 위에는 이런 섬세함이 곳곳에 스며 있다.

구시가로 들어서기 직전에 만나게 되는 누에보 다리는 론다의 최고 명물이다. 과달레빈 강줄기가 깎아 놓은 골 깊은 협곡으로 인해 갈라진 신시가와 구시가를 잇는 소중한 통로다. 누에보 다리는 '새 다리'란 의미다. 1793년에 태어난, 늙어도 한참 늙은 다리지만 협곡을 가로지르는 세 개의 다리 중엔 막내이기에 붙은 이름이다. 막내지만 형님들을 제치고 가장 높은 곳에 걸터앉아 있다. 몸체도 가장 길다. 많은 이들이 론다를 찾는 이유 중 하나가 바로 이 다리를 바라보고, 이 다리를 건너보기 위함이니 그야말로 론

다 사람들을 먹여 살리는 다리다. 다리 하나 잘 놓아서 후손들은 덕을 보지만 조상들의 노고는 만만치 않았을 터다. 100미터가량 치솟은 협곡에서 42년간 한 장 한 장 돌을 쌓아 올리다 수십 명이 목숨을 잃었다.

　그렇듯 까다로운 난공사 끝에 완성된 돌다리는 위에서 내려다보면 짜릿하고 밑에서 올려다보면 경이롭다. 다리 건너 오른쪽 아래로 내려가면 협곡을 이은 다리의 실체가 고스란히 드러난다. 하지만 깊게 파인 골짜기인 만큼 오르내리는 길은 만만치 않다. 은근 운동이 되는 절벽 오솔길이지만, 나름 색다른 풍광을 접하는 묘미도 있다. 어느 지점에선 절벽 위의 집들이

하늘에 둥둥 매달려 있는 것 같고, 은밀한 계곡 어느 지점에선 동굴 탐험을 하는 기분도 든다. 길이 30미터가량인 다리 중간에 뚫린 작은 창문도 보인다. 그 옛날 그 누구도 감히 탈출을 시도하지 못했을 감옥으로 사용된 흔적이다.

누에보 다리 옆, 절벽을 코앞에 둔 파라도르는 론다에서 가장 전망 좋은 호텔이다. 호텔 앞 테라스에서 보는 풍경도 일품이지만 한 번쯤 묵어볼 만한 이 파라도르는 헤밍웨이의 단골 숙소이기도 했다. 헤밍웨이는 이곳에 머물며 스페인 내전을 배경으로 한 《누구를 위하여 종은 울리나》를 쓰기 시작했다. 게리 쿠퍼와 잉그리드 버그만이 열연한 영화로 더욱 유명해진 작품이다. 이를 기념하기 위해 파라도르를 중심으로 한 절벽 산책로엔 아예 '헤밍웨이 산책길'이란 이름이 붙여졌다.

알고 보면 '나쁜 남자'
헤밍웨이

의사 아버지와 성악가 어머니 사이에서 태어난 어니스트 헤밍웨이는 비교적 유복한 어린 시절을 보냈다. 아버지를 따라다니며 일찌감치 낚시의 손맛과 사냥의 총 맛을 안 그는 모험을 즐기는 소년이었다. 고등학교 졸업 후엔 대학을 포기하고 시카고 지방신문의 말단 기자로 취직한다. 여기까지는 누구나 그럴 수 있는 평범한 삶이다. 하지만 헤밍웨이처럼 드라마틱한 삶을 산 작가는 흔치 않다.

헤밍웨이가 청년기에 접어든 시기부터는 전쟁의 시대였다. 그 시작은 제 1차 세계대전. 모험심이 발동한 열아홉 청년은 적십자 소속 운전사로 자원해 이탈리아 전선에 배치된다. 군인 신분은 아니었기에 군복도 총도 지급받지 못했지만 전쟁터에 간다는 것 자체가 그에겐 야릇하고 짜릿한 모험이었다.

그러나 전쟁터는 그야말로 죽느냐 죽이느냐의 처절한 현장이다. 총 한 번 잡아보지 못하고 잡일만 하던 그는 적의 포격으로 다리 부상을 입은 후에야 전쟁터의 공포를 실감했다. 그래도 수개월간의 치료 후 고국으로 돌아온 뒤 생각지도 못한 전쟁영웅 대접을 받았으니 손해만 본 모험은 아니었다. 당시 야전병원 간호사를 짝사랑한 경험은 훗날 그의 대표작 중 하나인《무기여 잘 있거라》의 모티프가 되기도 했다.

전쟁으로 나름 유명해진 그는 스물둘 나이에 첫 번째 아내인 해들리 리처드슨과 결혼했다. 미리 언급하자면, 헤밍웨이는 평생 네 번 결혼했다. 결혼 당시 토론토 지역신문 기자였던 헤밍웨이는 특파원 신분으로 갓 결혼한 아내와 함께 파리에서 신혼살림을 꾸렸다. 1920년대 파리는 예술가의 천국이었다. 그곳에서 당시《위대한 개츠비》로 명성이 자자했던 스콧 피츠제럴드, 거트루드 스타인을 비롯한 작가들과 친분을 쌓은 그는 틈틈이 소설에 도전했다.

무명작가에 불과했던 그에게 베스트셀러 작가의 명성을 안겨준 작품은 1926년에 발표한《태양은 다시 떠오른다》이다. 다소 우쭐해진 헤밍웨이는 이듬해 해들리와 이혼하고 밀회를 즐기던 패션지 기자 폴린 파이퍼와 재혼하면서 미국으로 돌아왔다. 재력가 장인이 마련해준 마이애미 저택에서 두

아들을 낳으며 알콩달콩 잘사는 듯했지만 이 결혼도 13년 만에 종지부를 찍었다. 1936년에 발발한 스페인 내전 당시 특파원으로 참여한 헤밍웨이가 전쟁터를 함께 누비던 동료 기자, 마서 겔혼과 사랑에 빠진 때문이다. 헤밍웨이는 폴린에게 이별을 고하고 마서와 세 번째 결혼을 했다. 그러나 이 결혼도 오래가진 못했다. 또 다른 여인이 등장한 이유도 있지만 기자가 아닌 현모양처를 원한 헤밍웨이의 이기적인 태도로 인해 이번엔 여자가 떠났다. 1946년에 결혼한 네 번째 아내 메리 웰시는 제2차 세계대전 중에 만난 타임지 기자였고, 두 사람의 새로운 둥지는 쿠바였다.

알고 보면 '나쁜 남자' 헤밍웨이는 말년에 쿠바의 작은 어촌에서 영감을 얻은 《노인과 바다》로 퓰리처상과 노벨상을 연거푸 받으며 작가로서 섭섭지 않은 명성을 얻었다. 그러나 '호사다마'라 했던가. 작품을 발표한 이듬해인 1953년, 아프리카 여행 중 경비행기 사고를 두 번이나 당했고 운 좋게 목숨은 건졌지만 중상을 입어 노벨상 수상식엔 참석하지 못했다. 사고 후유증으로 우울증에 빠진 그는 폭음을 일삼으며 허송세월을 보냈다. 그리고 1959년 피델 카스트로의 쿠바혁명으로 이듬해 쫓겨나다시피 미국으로 건너온 헤밍웨이는 날로 심각해지는 우울증을 이기지 못하고 1961년 7월 2일 새벽, 권총 자살로 생을 마감한 아버지처럼 엽총을 입에 물고 자살했다. 환갑을 갓 지난 62세 나이에⋯. 생사를 넘나드는 현장에서 죽을 고비도 수차례 넘겼기에 죽음에 대한 강박관념이 강했던 헤밍웨이의 묘비엔 이런 문구가 적혀 있다. "일어나지 못해서 미안하네."

생전에 전쟁터와 야생 사냥터를 보란 듯이 누비던 남자였지만 헤밍웨이를 가까이에서 지켜본 지인들은 그를 지극히 소심하고 나약한 사람이라 평했다. 심지어 스콧 피츠제럴드의 아내 젤다는 '남자 몸을 뒤집어쓴 계집애'라 빈정거렸단다. 그런 걸 감추기 위해 강인한 남성성을 과장하곤 했던 그는 자기과시와 허풍기도 다분했다. 전쟁터에서 기자 아닌 군 지휘관인 양 행세하다 군인 사칭 혐의로 법정에 선 적도 있고, 팔에 난 상처를 사자 발톱에 긁힌 거라 자랑스럽게 과시했지만 야생 사자가 아닌 서커스단에서 길들여진 순둥이와, 사투가 아닌 장난을 치다 긁힌 상처였단다.

문득 조용필의 〈킬리만자로의 표범〉이란 노래가 떠올랐다. '짐승의 썩은 고기만을 찾아다니는 하이에나가 아니라 산정 높이 올라가 굶어죽는 한이 있더라도 눈 덮인 킬리만자로의 그 표범이고 싶다'는⋯. 그 표범은 헤밍웨이의 단편소설 〈킬리만자로의 눈〉 첫 대목에서도 언급된다. '눈 덮인 킬리

만자로 정상에 깡마른 채 얼어붙은 표범의 시체가 있다. 녀석이 무얼 찾아
그 높은 곳까지 왔는지 아무도 알지 못한다.' 돈 많은 여인에게로 사랑을
갈아타며 방탕하게 살던 작가가 아프리카 최고봉에서 고독한 죽음을 맞게
된다는 이야기 속엔 일면 헤밍웨이의 경험도 녹아 있다.

'바람처럼 왔다가 이슬처럼 갈 순 없잖아. 내가 산 흔적일랑 남겨둬야
지….' 헤밍웨이의 소설들 속엔 그의 경험 요소들이 어디선가 툭툭 튀어나
온다. 그는 자신의 흔적을 그렇게 남겼다.

투우, 그 '모호한 예술'을
바라보며

헤밍웨이가 론다에 머물 당시 가장 열광했던 것이 투우 관람이
었다. 투우는 삶과 죽음이 교차하는 핏빛 싸움이다. 이를 두고 헤밍웨이는
"투우는 예술가가 죽음의 위험에 처하는 유일한 예술"이라고 했다. 그가
묵었던 곳에서 몇 걸음만 옮기면 투우장이 있다. 스페인에서 가장 오래된
투우장이다. 귀족들이 말을 타고 소를 상대했던 이전 투우와 달리 1785년
이곳에서 첫선을 보인 투우는 오늘날처럼 투우사가 맨땅에 서서 싸우는 형
태였다. 론다를 근대 투우의 발상지로 꼽는 이유다. 투우장 앞에 있는 동상
은 그 창시자인 프란시스코 로메로다.

로메로 집안은 3대에 걸쳐 에이스급 투우사를 배출한 투우 명문가로 유
명하다. 특히 프란시스코의 손자 페드로 로메로는 투우사들이 가장 존경하
는 전설의 투우사다. 그의 손에 죽어나간 소가 6,000여 마리. 한 경기당 두
마리 소를 상대하니 하루걸러 경기를 치른다 해도 무려 17년가량 걸리는
기록이다. 그럼에도 매번 털끝 하나 다치지 않았다니 투우사들이 존경할
만도 하다. 게다가 할아버지가 '물레타'라 불리는 붉은 천으로 소를 코앞까
지 유인해 박진감 넘치는 투우를 고안했다면 손자는 발레 스타일로 투우를
예술화시켰다. 지금도 내로라하는 투우사들이 유서 깊은 이 론다 투우장에
서는 걸 영광으로 여긴다.

이따금씩 경기가 열리는 날이면 6,000석이 가득 찬다지만 방문 기간 중
경기가 없었기에 아쉽게도 론다 투우를 보진 못했다. 하지만 2007년 여행

중엔 두 차례 관람했다. 한 번은 마드리드, 한 번은 산티아고 길을 걷던 중 로그로뇨 지방의 축제 때다. 투우장 입장료는 기본적으로 투우사 유명세에 따라 다르고 햇빛이 비치는 자리냐 아니냐에 따라 달라진다. 마드리드에서의 입장료는 당시 10유로였다. 마침 날도 흐린 참에 햇빛 자리를 선택한 데다 갓 데뷔한 투우사의 입봉 무대였기에 가격이 비교적 저렴했다.

투우는 주연 격인 마타도르, 말을 타고 창으로 무장한 두 명의 피카도르, 마타도르 보조 격인 세 명의 반데리예로 등 총 여섯 명이 한 팀을 이뤄 출전한다. 그렇게 구성된 세 팀이 번갈아가며 두 마리를 상대하는 경기는 도

합 두 시간 30분 정도 걸린다. 죽기 살기로 붙는 싸움은 그야말로 피 튀긴다. 투우사가 다치거나 사망하면 다른 이가 나와 상대하니 경기장에 나온 여섯 마리 소는 어떻게든 죽어서 나간다.

투우 소는 경기장에 나오기 전, 빛이 차단된 공간에서 꼬박 24시간 동안 가두어진다. 그렇게 어둠 속에 갇혀 있다 갑자기 밝은 데로 튀어나오니 정신이 없을 게다. 거기다 관중들의 함성까지 쩌렁쩌렁 울리니 어리둥절했을 소는 이리저리 맹렬하게 뛰어다녔다. 반데리예로 중 한 사람이 천을 휘두르며 유인하자, 소가 득달같이 달려왔다. 반데리예로는 나무 벽 뒤로 가까스로 피신했지만 뿔에 받힌 나무판은 구멍이 뻥 뚫렸다. 보는 것만으로도 간담이 서늘했다. 그러자 또 다른 이가 유인하며 비슷한 과정을 몇 차례 반복했다. 이후 피카도르가 소의 등짝을 창으로 찌르고 들어갔고 반데리예로들이 작살을 두개씩 차례로 등줄기에 꽂았다.

이젠 투우의 하이라이트인 마타도르 차례. 몸에 쫙 달라붙는 화려한 옷차림의 투우사는 등짝에서 피가 뿜어져 나오는 소를 물레타로 요리조리 유인했다. 앞서 나온 사람들처럼 도망가지 않고 흐트러짐 없는 자세로 사뿐히 피해가는 몸짓이 예술이다. 무릎을 굽히지 않고 쭉쭉 뻗는 한 걸음 한 걸음이 우아한 춤사위 같았다. 그리고 마침내 물레타를 내려놓고 거친 숨을 몰아쉬는 소의 코앞에서 심장을 향해 칼을 조준하는 때가 가장 긴장되는 순간이다. 얼마나 우아한 동작으로 소를 다루고 얼마나 아슬아슬하게 피하느냐는 투우사의 인기를 좌우하고, 마지막 순간에 소의 심장을 단 한 번에 정확히 찌를 수 있느냐 없느냐는 투우사의 실력을 가늠하는 요소다.

이날 유난히 앳돼 보이던 한 투우사는 데뷔 첫 무대에서 두 가지 모두 합

Talavante,
con más pena
que gloria

격점을 받아 관중들로부터 열광적인 환호를 받았다. 그것에 우쭐했는지 두 번째 경기에선 다소 오버하다 결국 소뿔에 받혀 허벅지에 제법 큰 상처가 났다. 하지만 그는 부축하려는 팀원들의 손길을 뿌리치고 마지막까지 폼을 잡으며 소를 눕히고서야 절뚝거리며 경기장을 빠져나갔다. 폼에 살고 폼에 죽는다는 투우사의 모습을 고스란히 보여준 장면이다.

사실 소 한 마리 놓고 여러 사람이 약을 올리다 결국 죽여서 내보내는 투우가 야비하고 잔인하단 생각도 들었다. 기세등등하게 나왔다가 20~30분 만에 쓰러져 질질 끌려 나가는 모습을 보니 마음이 짠했다. 피카도르가 타고 나온 말도 불쌍했다. 달려드는 소를 보고 겁먹어 도망갈까 그랬는지 말의 눈엔 천이 친친 감겨 있었다. 몸통에 보호대를 두르긴 했지만 영문도 모른 채 소뿔에 받혀 쓰러진 녀석도 있으니 이게 뭔 일인가 싶었을 거다.

로그로뇨에서는 축제를 위해 유명 투우사를 초청해선지 기본 입장료가 50유로였다. 값이 부담스럽긴 했지만 유명 투우사는 어떻게 하는지도 궁금했다. 경기장은 사람들로 가득했다. 첫 번째 투우사는 이름값을 하는 듯 노련하게 소를 유인하다 단칼에 숨통을 끊었다. 급소를 정확히 찌르니 긴 칼이 손잡이만 남고 쑥 들어가는 게 신기했다. 이렇듯 단번에 소를 눕히는 투우사에겐 관중들이 하얀 손수건을 흔들며 환호해준다. 손수건 호응도에 따라 투우사는 자신이 죽인 소의 귀를 받기도 한다. 소의 귀를 받는 건 투우사로서 최고의 영광이다.

첫 번째 투우사는 당당하게 귀를 받아 갔지만 이어서 등장한 투우사는 서너 번을 시도했건만 소가 쓰러지지 않았다. 어쨌든 죽어 나가야 하는 소도 애처롭지만 한 번에 해결하지 못해 야유를 받는 투우사도 애처롭다. 소

입장에서도 차라리 단번에 숨통이 끊어지는 게 나을 성싶으니 내심 투우
사가 한 번에 해결해주길 바라기도 했다. 결국 그 투우사는 관중의 격한 야
유는 물론 급기야 여기저기에서 날아든 방석 세례를 받으며 힘없이 퇴장했
다. 다음 날 아침 신문에는 방석 세례를 받은 투우사가 1면 톱뉴스를 장식
하고 있었다.

경기가 없는 날엔 투우장 내에 있는 투우 박물관도 볼 만하다. 역대 투우
사들의 초상화와 사진, 투우 장면을 담은 사진들, 다양한 투우 장비, 한 벌
에 수천만 원을 호가한다는 화려한 의상, 희생된 소들의 박제된 머리들만
으로도 투우의 일면을 볼 수 있다. 간혹 양쪽 귀가 멀쩡하게 붙어 있는 건
유난히 용맹했던 전설적인 소라는 의미가 담겨 있다.

그 안에서 유독 눈길을 끌었던 건 투우사들의 기도실이었다. 투우장에
나서기 직전 이곳에서 기도하는 투우사의 심정은 어떨까. 목숨을 담보로
하기에 투우사는 스페인에선 상당한 고수익자다. 유명 투우사는 경기당 수
입이 수억 원으로 연봉은 100억 원대에 이른다. 유명 연예인 못지않게 가
는 곳마다 오빠부대가 몰릴 만큼 인기도 누리지만 매 순간이 세상의 마지
막이 될지도 모를 조마조마한 롤러코스터 같은 삶이다. 기도를 마친 그들
은 이곳에 촛불을 밝히고 투우장으로 나간단다. 살아 돌아와 그 불을 끄겠
다는 의미에서….

지난 100년 동안 스페인에선 30여 명의 투우사가 목숨을 잃었다. 그런
투우를 놓고 '전통문화를 고수해야 한다'는 목소리와 '부끄러운 전통이요,
동물 학대에 불과한 야만적인 스포츠'라며 금지시켜야 한다는 목소리가 팽
팽하게 맞서고 있다. 마드리드나 안달루시아에선 여전히 투우에 열광하지

만 바르셀로나를 중심으로 한 카탈루냐 지방은 2010년 투우를 법으로 금
지시켰다. 현장에서 보면 묘한 매력도 있지만 놀림 받다 죽어 나가는 소나
영문도 모른 채 소에 받쳐 죽거나 다치는 말, 사람까지 죽어 나가는 투우를
생각하면 나도 투우 반대론에 한 표 던지고 싶다.

벼랑 끝의
론다가 제시하는 삶

다시금 누에보 다리를 건너 구시가 골목길을 거닐었다. 좁은 골
목 곳곳에선 중세 시기의 성당과 궁전, 과거 아랍 목욕탕 등이 툭툭 튀어나
왔다. 한적한 돌길을 지나 아랍 목욕탕으로 내려가는 독특한 돌계단은 오
래전 뮤지컬 영화 〈카르멘〉에 등장한 곳이다. 아랍 목욕탕은 상당 부분이
훼손되긴 했지만, 전염병으로 인해 물을 멀리하며 평생 씻지 않고 살았던
중세 유럽인들과 달리 스팀 사우나를 비롯해 냉탕과 온탕을 넘나들었던 아
랍인들의 세련된 목욕 문화를 엿볼 수 있는 곳이다.

그런가 하면 시대별 유물을 전시해놓은 몬드라곤 궁전은 궁전이라 하기
엔 규모가 작지만 이슬람풍 중정을 비롯해 구석구석 우아함이 스며 있는
곳이다. 웨딩 촬영지로도 인기가 높아 우리 부부가 갔을 때에도 세 커플이
촬영을 하고 있었다. 올드카를 타는 게 유행이었는지 저마다 다른 올드카
를 몰고 왔다.

해 질 무렵, 여행객의 떠들썩함이 어느 정도 가시고 나니 황혼 빛에 물든

론다의 풍경을 화폭에 담는 이도 보였고 카페 테라스에 앉아 차 한 잔의 여유를 즐기는 사람들, 아찔한 절벽 위에서 짜릿한 키스를 나누는 청춘들도 많았다. 사랑이 시작되는 신혼부부를 위해 감미로운 기타 연주를 들려주는 거리의 음악가 앞에선 황혼을 함께하는 노부부가 손을 꼭 잡은 채 지그시 눈을 감고 경청하는 모습도 보였다. 그 풍경 속에 함께 있자니 헤밍웨이가 왜 론다를 '사랑하는 사람과 로맨틱한 시간을 보내기 좋은 곳'이라 했는지 조금은 알 것 같았다.

이튿날 오후, 론다를 떠나면서 투우를 떠올렸다. 매번 벼랑 끝에 선 기분이었을 투우사도 그렇지만 창과 작살에 찔려 피를 뿜으면서도 물러서지 않는 소의 고군분투가 더더욱 머릿속에 맴돌았다. 심장을 찔리고서야 무릎 꿇는 소를 보면서 '의연하게 맞이하는 패배는 승리만큼 값지다'는 생각이 들기도 했다.

　의미 있는 패배를 떠올리니 헤밍웨이의 《노인과 바다》도 생각났다. 주인공인 산티아고는 지지리도 운이 없는 노인네다. 바다 위의 고독한 노인은 무려 84일간 허탕을 친 끝에 비로소 생애 최고의 대어를 낚는다. 낚시의 달인에게 감지되는 묵직한 손맛에 쾌재를 부르지만 순순히 잡혀주지 않는 녀석과 끈질긴 힘겨루기 끝에 간신히 붙잡아 매는 데 성공했지만 이번에는 하이에나처럼 몰려든 상어 떼와 사투를 펼쳐야 했다. 결국 상어들에게 살점은 죄다 뜯기고 앙상한 뼈만 남은 상태. 모든 게 헛수고다. 그러나 다소 미련한 면은 있어도 아름다운 패배로 느껴졌다. 멀수록 깊을수록 위험한 바다지만 노인은 도전했고, 낚싯줄을 끊으면 그만이련만 위험을 무릅쓰고 포기하지 않았다.

　많은 것을 포기해야 하는 이 시대의 청춘들은 아프다. '아프니까 청춘이다'라며 위로하기도 하지만 그런 말이 얼마나 위로가 될까 싶다. 그래도 '포기하지 않는 삶을 살라' 하고 싶지만 그것도 말장난인 듯싶어 슬며시 거둬들인다. 다만 《노인과 바다》의 그 노인네를 한 번쯤 떠올려보는 건 어떨지….

Romantic Spain

스페인 여행의 꽃
미하스 Mijas

안달루시아 남부 해안을 스페인 여행의 꽃이라
고들 한다. '태양의 해변'이란 뜻을 지닌 '코스타
델 솔 Costa del sol'을 품고 있기 때문이다. 피카소의
고향인 말라가에서 지브롤터 해협까지 지중해를
따라 길게 이어지는 이 해변은 유럽에서도 손꼽히는 휴양지 중 하나다. 특
히 겨울이면 우중충해지는 윗녘 유럽과 달리 여전히 화사한 햇살이 내려앉
는 태양의 해변은 유럽인들에겐 최고의 겨울 휴양지다.

푸른빛으로 반짝이는 해안가엔 수많은 리조트와 그림 같은 마을들이 스
며 있다. 그 안엔 하얀 집들이 유독 많다. 그중에서도 마을 자체가 아예 하
얀 집인 미하스는 일명 '안달루시아의 에센스'라 불리는 곳이다. 말라가 주
에 속한 이 작은 마을을 두고 '스페인의 산토리니'라 하는 이들도 있다.

Mijas...inmensa

 파란 하늘 아래 하얀 마을. 심플하면서도 강렬한 색감이다. 골목골목에 스민 햇살은 하얀 벽면에 부딪혀 더욱 눈부시다. 지중해를 품은 이 하얀 마을에 사실 이렇다 할 명소는 없다. 하지만 지형지물에 순응하며 자리를 꿰찬 건물들엔 제각각의 멋이 스며 있고, 그 안에서 제멋대로 뻗어나간 골목길은 눈길 닿는 곳마다 반짝반짝 아름답다. 색색의 꽃들로 장식된 하얀 담벼락을 따라 걷다 보면 집집마다 박힌 세련된 타일 문패, 아기자기한 기념품점, 앙증맞은 투우장 등 마을 전체가 마치 영화 세트장 같은 느낌이다. 그러니 걸음마다 쉼표를 찍어가며 한 박자 쉬어가게 만드는 게 곧 미하스의 매력이다. 그렇게 걷는 골목도 좋지만 미하스의 명물 '당나귀 택시'를 타고 좀 더 편안하게 골목 구석구석을 누비는 것도 미하스가 안겨주는 추억거리다.

1960년대만 해도 이곳 산마을 사람들의 출퇴근 수단이었던 당나귀는 이제 관광용 택시로 변신하면서 미하스의 명물이 되었다. 당나귀 이마엔 제각각 다른 번호판도 달려 있고, 당나귀 택시 주차장도 있다. (하지만 진짜 택시라면 모를까, 엉덩이만 살짝 움직여도 부딪히게 되는 좁은 칸 안에 줄줄이 묶여 있는 당나귀들을 보니 다소 안쓰럽기도 하다.) 그렇게 골목을 누비다 노천카페에 앉아 커피 한 잔을 마시면 마음이 한껏 늘어지며 평온해진다.

그리움이
물드는 곳

그라나다

Granada.

스페인의
마지막 이슬람 왕국

론다에서 미하스로 올 때 푸엔히롤라를 거쳐야 했듯 미하스에서
그라나다로 가는 길엔 말라가를 거쳐야 했다. 푸엔히롤라로 내려가면 말라
가로 가는 버스가 좀 더 많지만 갈아타는 게 번거로워 하루 한두 차례 운행
되는 말라가행 버스를 타고 보니 그야말로 '초특급' 완행버스다. 론다에서
처럼 좁고 구불구불한 산길을 가던 버스는 맞은편에서 차가 오면 길을 터주
느라 수시로 코너에 서 있어야 했고 태양의 해변으로 내려와서도 마을이란
마을은 다 거치느라 찔끔 가다 서고, 찔끔 가다 서곤 했다. 느려서 답답하기
도 했지만 살면서 언제 또 와보랴 싶은 마을들을 꼼꼼하게 보여주니 그것도
나쁘지 않다. 여행길에선 획획 지나가는 것보다 이런 게 나는 더 좋다.
　말라가까지 약 30킬로미터 거리를 한 시간 45분 만에 도착한 뒤 그라나다
행 버스표를 사기 위해 매표소로 가니 줄이 제법 길다. 그 꽁무니에 붙어 한
발 한 발 앞으로 가는 내내 앞에 선 커플이 끊임없이 조잘댄다. 하지만 목적
지 버스가 없는 건지 시간을 놓친 건지 매표원과 한참을 얘기하다 돌아선
그들의 표정은 화기애애하게 떠들던 조금 전과는 달라도 너무 달랐다. 더
많이 조잘대던 여자의 입은 나올 대로 나온 채 남자에게 화를 냈고, 그런 여

자 앞에서 남자는 미안해하는 기색이 역력했다. 그 대목에서 여자는 왜 그렇게 화를 내고 남자는 왜 미안해야 했는지, 은근히 일어난 궁금증을 떨쳐버리고 황량한 들판을 마주하며 두 시간여 만에 그라나다에 들어섰다.

그라나다는 스페인 최후의 이슬람 왕국이 있던 곳이다. 그들의 마지막 왕궁이 바로 그 유명한 알람브라 궁전이다. 이슬람 문화의 진수를 보여주는 이 아름다운 궁전의 창건자는 무하마드 1세. 711년 이베리아 반도에 발을 들인 이슬람 세력은 수백 년간 번성해왔지만 반격에 나선 가톨릭 세력이 야금야금 땅을 되찾았다. 톨레도와 코르도바에 이어 세비야가 차례로 함락될 즈음 그라나다에 입성한 무하마드 1세는 알람브라 궁전을 세우고 나스르 왕국을 열었다. 하지만 만만찮은 기세의 페르난도 3세에 대항하는 일이 무모하단 걸 알았기에 그의 봉신이 되길 자처했다.

이를 받아들인 페르난도 3세는 이슬람 왕국을 유지하는 조건으로 조공과 병력 지원을 내걸었다. 이로 인해 무하마드 1세는 동족을 쳐내는 세비야 공격에 동참해야 하는 서글픈 굴욕을 감내해야 했다. 결국 세비야가 가톨릭 수중으로 넘어간 후 고립무원 신세가 된 무하마드 1세는 알카사르 요새를 견고하게 다져 왕국을 보호했다. 백성들을 아꼈던 그는 군중 속에 섞이면 누가 왕인지 모를 만큼 소박한 행보를 보이며 왕국을 번창시켰지만 일흔아홉 나이에 전투에 참여했다 죽음을 맞이했다.

무하마드 1세가 다져놓은 알람브라를 지금의 모습으로 완성시킨 이는 1333년 왕좌에 오른 유수프 1세다. 왕국 창시자 못지않게 덕을 지닌 그는 외모도 학식도 뛰어난 엄친아로 백성들의 인기를 한 몸에 받은 왕이다. 시

인이라 해도 좋을 만큼 감성까지 풍부했던 그는 마지막을 예견한 듯 궁전 구석구석을 우아함과 섬세함으로 채웠다. 하지만 호사다마라 했던가. 1354 년 어느 날, 왕실 모스크에서 기도 중이던 왕은 어디선가 튀어나온 정신병 자의 칼에 숨을 거두고 만다. 누구보다 멋진 군주를 잃고 분노한 백성들은 살인자의 시체를 토막 내는 것도 모자라 만인이 보는 앞에서 불태웠다는 이야기가 전해온다.

그로부터 150년 가까이 이어져온 이슬람 왕국의 역사는 1492년 새해 이 튿날 무너졌다. 당시 포위망을 좁히며 알람브라 궁전 코앞까지 들이닥친 가톨릭 세력에 맞서 8개월을 버티던 나스르의 마지막 왕 보압딜은 결국 저

항을 포기하고 가톨릭 부부 왕 앞에 무릎을 꿇었다. 그라나다를 내주고 눈 덮인 시에라네바다 산맥을 넘던 보압딜이 마지막으로 돌아보며 눈물짓던 언덕은 '눈물의 언덕'이요 '무어인의 마지막 한숨'이라 불린다. 자신이 태어나고 자라 다스리던 왕국을 고스란히 넘겨주고 쫓겨나는 심정이 오죽했을까.

누군가의 아픔이 누구에겐 기쁨이다. 스포츠가 그렇고 전쟁도 그렇다. 보압딜에게 아픔을 안겨준 페르난도 2세와 이사벨 1세 부부는 지금의 스페인을 다진 장본인이다. 이슬람교도를 향해 '우리 집에 왜 왔니~ 왜 왔니~' 하면서 마지막 땅을 되찾은 두 사람의 업적으로 1492년 1월 2일, 장장 800년에 걸친 레콘키스타국토 회복 운동는 막을 내렸다.

비운의 보압딜은 자신의 백성들을 보호하는 조건으로 항복했지만 가톨릭 군주들은 그 약속을 지키지 않았다. 특히 독실한 가톨릭 신자였던 이사벨 1세는 이교도들을 무자비하게 학살했고 추방했다. 많은 이들이 삶의 터전을 잃은 채 떠나야 했고, 그 안엔 유대인도 상당수 포함됐다. 가톨릭 군주들은 추방을 면하기 위해 가톨릭으로 개종한 이들도 악명 높은 종교재판으로 잔혹한 고문 끝에 처단해 숱한 사람들을 억울한 귀신으로 만들었다. 그 귀신들의 저주였을까? 가톨릭의 오랜 숙원을 이룬 업적으로 페르난도 2세와 이사벨 1세 부부는 '가톨릭 부부 왕'이란 명예로운 호칭을 얻었고 스페인은 유럽 최강대국으로 부상했지만, 스페인의 영광은 3대를 넘기지 못했고 그들의 딸은 후세에 영원히 '미친 여자'로 남게 된다.

한 미국 소설가가 살려놓은
알람브라 궁전

무어인들이 건네준 보석 같은 선물, 알람브라 궁전은 제법 높은
언덕 위에 있다. 아랍어로 '붉다'라는 뜻을 가진 알람브라Alhambra 는 그 이
름처럼 언덕의 붉은 흙빛에 자연스럽게 스며 있다. 구시가 중심인 누에바
광장에서 알람브라 매표소까지 가는 버스도 있지만 도보로 20분 정도면 닿
으니 걷는 것도 좋다. 이정표를 따라 비탈진 골목길을 오르면 아치형 문을
만나게 된다. 그라나다 문이라 일컫는 이 돌문을 통과하면 분위기가 확 달
라진다. 새소리가 어우러진 숲길이 마치 우리네 산사 진입로 같은 분위기
다. 울창한 숲을 살짝살짝 파고든 햇살이 만들어낸 가느다란 빛줄기도 화사
하다. 그 상큼한 숲길에 들어서니 나도 모르게 깊은 숨을 들이마시게 된다.

이 길목엔 '워싱턴 어빙'이란 이름표를 단 건장한 동상도 있다. 이곳에 웬
미국인 소설가가 생뚱맞게 서 있나 싶겠지만 알고 보면 그는 알람브라의
구세주다. 이슬람이 물러난 후 스페인 왕실의 아름다운 휴식처가 되어주
던 알람브라 궁전은 나폴레옹에게 휘둘리면서 방치되기 시작했다. 1800년
대를 전후해 오랫동안 방치된 궁전은 집시와 부랑자들의 소굴로 전락했다.
1820년대 후반 즈음 워싱턴 어빙은 사방이 거미줄이요, 박쥐가 날아들던
이곳에 머무르며 궁에 얽힌 전설과 자신이 본 알람브라를 차곡차곡 기록해
나갔다. 그 결과물인 《알람브라 이야기》가 1832년에 출간되자 사람들은 신
비롭고 낭만적인 전설을 찾아 알람브라로 꾸역꾸역 몰려들기 시작했다. 워
싱턴 리빙의 소설로 다시금 존재를 알린 알람브라는 복원을 거쳐 유네스코

세계문화유산이 되었다.

　그 때문인지 알람브라는 출입이 좀 까다롭다. 하루 입장객이 제한된 데다 30분에 한 번씩 일정 인원만 입장시킨다. 아침 8시에 문을 여는 매표소 앞에는 그보다 일찍 가도 이미 긴 줄이 늘어서 있어 조금만 늦어도 당일 관람을 못하는 경우가 허다하다. 9년 전엔 비수기임에도 아침 9시경에 오전표가 매진되어 오후표를 판다는 방송이 흘러나왔다. 그럼에도 내 앞으로 사람들이 구불구불 늘어선 터라 초초하기까지 했다. 다행히 오후 4시 입장권을 받아들고 누에바 광장으로 내려갔다 다시 올라온 기억이 있었기에 이번에는 인터넷 예약으로 해결했다.

　알람브라는 요새인 알카사르, 나스르 궁전, 카를 5세 궁전, 헤네랄리페

정원을 통칭한다. 그중 핵심은 나스르 궁전이다. 알람브라가 그라나다의
꽃이라면 이슬람 왕국의 심장이던 나스르 궁전은 알람브라의 꽃술이다. 참
고로 입장권에 박힌 시간은 나스르 궁전 입장 시간이요, 30분에 한 번씩 일
정 인원을 들여보내는 곳도 바로 이곳이다. 하지만 입장 시간만 엄격하게
체크하기에 일단 들어가면 마음껏 둘러보는 건 상관없다. 얼마나 많은 사
람들이 다녀간 걸까. 오르내리는 돌계단이 푹푹 꺼져 아예 물결무늬가 되
어버렸다.

힘으로 밀고 들어왔다 힘에 부처 밀려난 이슬람의 심장은 스페인 왕조가 일정 부분 손을 대긴 했지만 고유의 멋은 남아 있어 그나마 다행이다. 걸음을 옮길 때마다, 시선을 돌릴 때마다 마주하게 되는 나스르 궁전은 은근 변화무쌍하다. 그 일면에는 아라베스크 무늬가 있다. 이슬람은 인체를 형상화해 우상처럼 떠받드는 걸 철저히 금한다. 대신 문자나 식물 줄기, 꽃잎 등을 모티프로 한 기하학적 무늬로 환상적인 분위기를 자아낸다. 그 아라베스크 무늬가 곧 신의 기호인 셈이다.

가느다란 코바늘로 한 땀 한 땀 정성스레 뜬 레이스처럼 섬세한 디테일을 자랑하며 바닥에서 기둥으로, 기둥에서 천장으로 이어지는 문양은 비슷한 것 같으면서도 방마다 다른 모양새다. 거기에 내려앉는 안달루시아 햇빛으로 때론 더욱 화사해지거나 은은해지면서 변화의 깊이를 더해준다. 아라야네스 안뜰의 미니 수영장 같은 수면은 그 문양을 담아 바람결에 찰랑대며 살포시 춤을 춘다. 하늘의 구름도 물속에서 덩달아 씰룩댄다.

아라야네스 안뜰 옆에 있는 라이온 궁은 왕족의 사적 공간으로 그 옛날의 궁전 2층은 온통 궁녀들의 거처였단다. 그런고로 왕 이외의 남자는 출입 금지였던 이곳에 유일하게 드나들던 남자는 춤추는 궁녀들을 위한 맹인 악사들뿐이었다. 대리석 기둥으로 둘러싸인 중정에는 열두 마리 사자가 떠받치는 분수가 있다. 물을 뿜어내는 사자의 머리 수로 시간을 가늠했다는 물시계 분수다. 이곳에 자리한 '아벤세라헤스 방'에 들어서면 그야말로 천장에서 별이 쏟아져 내릴 것만 같다. 밤하늘의 별이 툭툭 불거진 듯 반짝이는 그 천장을 넋 놓고 보다 보면 목이 뻐근해진다.

나스르 궁전에서 가장 섬세하고 아름답다는 아벤세라헤스 방은 사실 비

극의 방이다. 아벤세라헤스는 나스르 왕조 당시 막강한 권세를 누리던 귀
족 가문이다. 문제는 그 가문의 한 남자가 왕의 여인과 사랑에 빠졌다는 것.
그 은밀한 사랑을 알게 된 보압딜 왕은 분노가 극에 달해 아벤세라헤스 가
문의 남자들을 모조리 이 방으로 불러들여 몰살시켰다 한다. 불그스름한
바닥은 당시 목이 달아난 수십 명의 핏자국이라는 얘기도 전해온다. 보압
딜이 재위 5년 만에 그 궁전에서 쫓겨난 일면엔 혹여나 그들의 한 맺힌 저
주가 스몄던 걸까.

  한때 피로 물든 궁전이었지만 멕시코 시인 프란시스코 데 이카사는 "그
라나다에서 장님이 되는 것만큼 더 큰 형벌은 없다"며 알람브라의 아름다
움을 치켜세웠다. 알람브라에서 쫓겨나 아프리카로 향하던 보압딜은 "그라
나다를 잃는 것보다 알람브라 궁전을 다시 보지 못한다는 게 더 슬프다"며
통곡했단다. 그 말을 전해 들은 카를 5세는 "내가 그였다면 왕궁 없이 사느
니 차라리 알람브라를 무덤으로 삼았을 것"이라며 오만을 떨었다. 목숨이
왔다 갔다 하는 순간에도 그런 말이 나올까 싶다.

  어찌 됐건 그라나다를 되찾은 가톨릭 부부 왕의 손자 카를 5세는 이방인
의 궁전 일부를 헐고 이슬람 왕궁을 능가하는 자신의 궁전을 지었다지만
겉만 네모반듯하고 속은 뻥 뚫린 원형광장인 특이한 구조다. 나스르 궁전
과는 사뭇 다른 분위기인 그 광장은 그 옛날 투우장으로 사용되기도 했다.
그랬던 그도 이교도의 아름다운 건축물을 온전히 파괴하긴 아까웠던 모양
이다. '더 이상 이슬람 문화재를 훼손하지 말라'는 그의 명령으로 인해 지
금의 알람브라 궁전을 볼 수 있게 됐으니 한편으론 고맙다.

  카를 5세 궁전 옆 알카사바는 무어인들의 마지막 요새다. 일부 부서지긴

했어도 기본 몸통은 그대로다. 과거 군인들이 적의 동태를 초조하게 살피던 망루가 지금은 관광객들의 느긋한 전망대가 되었다. 이 벨라탑에 오르면 건너편 알바이신 언덕마을과 집시들의 거주지인 사크로몬테 언덕을 비롯해 시에라네바다 산맥을 품은 그라나다 전체가 시원하게 펼쳐진다.

그런가 하면 나스르 궁전에서 살짝 떨어진 헤네랄리페는 왕의 여름별장이다. 건물보다 정원이 더 돋보이는 이곳은 곧 물의 정원이다. 물이 귀한 사막의 후손들은 어디서든 생명줄인 물을 가장 먼저 찾았다. 그들의 마르지 않는 샘물의 원천은 시에라네바다 산맥을 덮은 거대한 겨울 눈덩이다. 녹아내린 그 물을 메마른 언덕으로 끌어올려 물 걱정 없이 살았던 그들의 지혜가 놀랍다. 꽃과 나무가 어우러진 미로 같은 숲길에 구석구석 수로와 분수로 채워진 정원은 사막의 오아시스처럼 생기가 넘친다.

걷는 내내 물소리가 따라오는 정원에서는 프란시스코 타레가의 기타 연주곡 〈알람브라 궁전의 추억〉이 끊임없이 들려온다. 19세기 스페인의 유명 작곡가 겸 기타리스트였던 그를 모르더라도, 어디선가 한 번쯤은 들어봤을 명곡이다. 짝사랑했던 제자에게 퇴짜 맞은 실연의 아픔을 달래기 위해 떠돌던 그의 발길을 멈추게 한 건 사방에서 '졸졸졸, 퐁퐁퐁, 또르르…' 들려오는 물들의 속삭임이었다. 그것에 영감을 받아 탄생한 〈알람브라 궁전의 추억〉은 유리판에 구슬이 또르르 구르듯 은은하고 애잔한 음색이 정원 풍경과 묘하게 닮았다. 그래서일까. 기타 소리에 맞춰 보석처럼 영롱한 모습으로 떨어지는 물방울 하나하나도 자신들의 마지막 유산을 지키기 위해 굴복하고 떠난 무어인의 눈물처럼 애잔하게 다가온다.

사랑 때문에
미쳐버린 여왕

　'세상에서 가장 어려운 일이 뭔지 아니? 그건, 사람이 사람의 마음을 얻는 일이란다.'

　생텍쥐페리가 《어린 왕자》에 풀어놓은 말처럼 얼굴만큼이나 각양각색인 마음을, 순간에도 수만 가지 생각이 떠오르는, 그 바람 같은 마음을 잡는 건 정말이지 어려운 일이다. 하물며 사랑이야…. 더불어 '내가 좋아하는 사람이 나를 좋아해주는 건 기적'이라 했던 그의 말처럼 사람 마음 중에서도 사랑하는 마음을 얻는 건 더더욱 어려운 일이다.

　그래서일까. 사랑에 빠지면 눈에 콩깍지가 씌어 그 사랑 외엔 눈에 뵈는 게 없다고들 한다. 하지만 그 콩깍지도 시간이 지나면 자연히 벗겨지련만 죽을 때까지 털어내지 못하고 사랑에 매달린 여인이 있다. 미치광이 취급까지 받은 그 사랑으로 자신도, 상대방도 힘들게 했던 여인의 이름은 후아나. 바로 페르난도 2세와 이사벨 1세의 딸이다.

　페르난도가 아라곤 왕이 되던 해에 태어난 후아나에겐 언니와 오빠가 있었다. 왕위 계승과는 거리가 멀었다는 얘기다. 하지만 사람 팔자, 알 수 없는 문제다. 그저 왕실 여인으로서의 교육만 받은 후아나는 열입곱 살 되던 해 오스트리아 합스부르크 가문 출신이자 신성로마제국 황제 막시밀리안 1세 아들인 열여덟 살 펠리페와 결혼하게 된다.

　하지만 왕위 계승자였던 오빠가 요절한 데 이어 언니마저 이듬해 죽는 바람에 그 계승권이 후아나에게 떨어진다. 아버지의 나라 아라곤은 남자만

후계자가 될 수 있었기에 어머니의 나라인 카스티야 왕위 계승권만 인정되었지만 사실 카스티야의 힘이 훨씬 막강했다(당시 스페인은 두 왕국의 통합 형태였다). 졸지에 과한 걸 얻으니 운명의 여신도 시샘했던 걸까? 그녀의 인생은 그야말로 한 편의 비극으로 막을 내렸다.

결혼할 때까지만 해도 그녀의 인생은 장밋빛이었다. 정략결혼이었던 만큼 서로를 몰랐던 두 사람이지만 첫 대면한 순간 서로에게 반해 당장 결혼시켜달라고 졸라 다음 날 결혼식을 치를 정도였다. 후아나도 '한 미모' 했다지만 펠리페는 아예 '미남왕'이란 별명으로 유명했다. 하지만 후아나가 미친 듯이 빠져든 그 잘난 외모는 동시에 불안 요소이기도 했다.

두 사람은 깨소금 냄새 폴폴 풍기는 신혼을 보내지만 첫딸이 태어난 후 펠리페는 슬슬 아내에게 흥미를 잃는다. 펠리페에겐 궁정에 널린 게 여자였고, 인물값 하느라 대놓고 바람을 피웠다. 그럼에도 아내가 스페인 여왕이 될 신분을 고려해선지 아들과 둘째딸을 연이어 낳긴 했다.

스페인은 안중에도 없고 오로지 남편 사랑에만 목맨다는 딸 소식을 접한 이사벨 여왕은 상속 문제를 거론하며 두 사람을 스페인으로 불러들였다. 특히 펠리페는 왕위 계승자로 인정받으려면 어쩔 수 없이 가야 했다. 장인 장모의 환영을 받으며 스페인에 도착한 펠리페는 몇 달간의 회의 끝에 '여왕이 되는 아내의 동반자 자격으로 왕이 되는 권리'를 인정받자 아내를 두고 홀라당 떠나버렸다. 후아나가 함께 따라나서지 못한 건 만삭인 딸의 몸 상태를 염려한 친정엄마의 만류 때문이었다.

하지만 후아나에게 남편 없는 삶은 생지옥이나 마찬가지였다. 더구나 남편이 다른 여인들과 놀아나는 상상은 그녀를 더 미치게 했다. 아들을 낳자마자 남편에게 달려가려는 딸을 친정엄마는 또다시 말릴 수밖에 없었다. 출산 후 회복되지 않은 몸도 몸이지만 프랑스와의 전쟁으로 육로가 막힌 탓이었다. 그럼에도 철딱서니 없는 딸은 "프랑스와 싸우는 건 스페인이지 내가 아니잖아"라며 프랑스를 가로질러 가겠다고 부득부득 우겼으니 엄마는 복장 터질 노릇이었을 게다. 그것이 이사벨 여왕의 명을 재촉했다는 이야기도 전해온다.

불타는 사랑을 누가 말리랴. 쇠약해진 어머니를 두고 남편 곁으로 갔을 때 그녀의 상상은 여지없는 현실로 다가왔다. 사랑이란 게 혼자면 고통이고 둘이면 행복이지만 셋이면 싸움이 된다. 독이 오른 후아나는 남편 사랑을 뺏은 여인의 머리카락을 싹둑싹둑 잘라버리고 만다. 게다가 늙은 시녀들만 남기고 젊고 매력적인 여인들은 죄다 내보냈다. '너 미쳤어?' 소리가 절로 나올 만큼 극도로 예민한 후아나의 반응에 펠리페는 폭력을 휘두르는 것도 모자라 종종 가두기까지 했다. 그럴수록 자신에게 병적으로 집착하는 아내에게 질린 펠리페는 사냥을 핑계 삼아 수시로 외박을 했다. 미꾸라지처럼 요리조리 피해 다니는 남편을 잡고 싶어 더더욱 안달이 난 그녀는 덕지덕지 화장하고 주렁주렁 보석도 달고 주술을 담은 '사랑의 묘약'까지 지었지만 별 효과는 없었다. 그 와중에도 아이를 또 낳았으니 부부란 게 참 묘하다.

후아나가 남편 곁으로 온 지 몇 개월 후인 1504년 11월 26일, 이사벨 여왕은 결국 세상을 떠났다. 후아나가 여왕 자리를 물려받자 그 자리에 군침을 흘린 장인과 사위 간의 암투가 벌어졌다. 페르난도 2세는 딸이 미쳤다며 섭정 명분을 내세웠다. 이는 일전에 후아나의 일거수일투족을 낱낱이 적어

보낸 사위의 편지를 근거로 한 것이었다.

이에 다급해진 펠리페는 부랴부랴 스페인으로 향했다. 이때 펠리페 부부는 또 한바탕 부부싸움을 벌였다. 남편 옆에 여자가 있어서는 안 된다는 이유로 후아나가 배에 탄 시녀들을 몽땅 내리게 했기 때문이다. 1506년 봄에 스페인에 도착한 그들은 의회로부터 합법적인 지위를 인정받았지만 여왕이 미쳤다는 소문이 다시금 솔솔 돌았다. 후아나는 소문의 근원지가 바로 남편임을 알면서도 사랑 때문에 눈감아주었고, 오히려 한발 물러나 모든 권한을 펠리페에게 넘겼다. 스페인의 합스부르크 왕가는 이렇게 시작되었다.

역시나 자신을 그토록 사랑했던 여인을 이용만 했던 남자에게 하늘이 벌을 내린 걸까. 즉위 3개월 만인 1506년 9월, 그는 권력의 맛을 제대로 보기도 전 스물여덟 나이에 요절하고 만다. 스페인 북부에 위치한 부르고스에서 갑작스런 열병으로 급사한 젊은 왕의 주검을 놓고 장인의 독살설이란 얘기도 나돌았다.

미우나 고우나, 너무나 사랑했던 남편이다. 그런 남편의 죽음을 결코 받아들일 수 없었던 후아나는 남편이 곧 살아날 것이라 믿어 장례식조차 거부했다. 그녀는 남편의 시신을 끼고 어머니가 잠든 그라나다로 긴 여행을 떠났다. 여섯째를 임신 중이었기에 더더욱 느리고 힘든 여행길이었다. 그 와중에도 여자들은 관 옆에 얼씬도 못하게 했고 날마다 관 뚜껑을 열어 남편을 어루만졌다. 시간이 갈수록 부패되어 역한 냄새가 진동하고 구더기가 꼬물대는 것도 개의치 않았다. 그렇듯 죽은 남편에게서도 벗어나지 못했던 기이한 행동에 사람들은 그녀를 '후아나 라 로카미친 후아나'라 부르기 시작했다.

  남편의 시신을 운반하던 중 이듬해에 딸을 출산한 그녀는 아버지를 기다
렸다. 여장부였던 어머니와 달리 마음이 여린 후아나는 자식 된 도리로 아
버지에게 권한을 부여하고자 했다. 하지만 무정한 아버지는 뭣이 불안했는
지 그런 딸을 역시나 미쳤다는 핑계로 두 살배기 손녀와 함께 수도원에 감
금하고 만다. 심지어 음식을 거부하는 그녀에게 채찍이 약이라며 매질까지
했다. 그랬던 아버지가 1516년 1월에 죽었음에도 그녀는 아버지의 죽음을
전해 듣지 못했다. 그래서 끊임없이 아버지의 안부를 물었기에 내막을 모
르는 이들은 그녀가 단단히 미쳤다고 여겼다.
  페르난도 왕이 죽은 이듬해 그녀의 맏아들이 비로소 엄마를 찾아왔다.

1506년 플랑드르를 떠난 후 12년 만의 만남이다. 엄마는 아들 볼 생각에 마음이 두근거렸지만 열일곱 살 아들은 무덤덤하다 못해 매정했다. 아들의 관심사는 할아버지와 아버지가 그랬듯 엄마의 지위뿐이었다. 어려서부터 줄곧 떨어져 살았기에 살가운 모정을 느끼지 못했을지언정 그래도 자신을 낳아준 엄마다. 그런데도 자신이 왕의 지위에 오르려면 그 엄마가 여전히 미친 사람이어야 했다.

아버지에 의해 서른 살에 감금된 후아나는 아들의 외면으로 무려 46년간 수도원에서 쓸쓸하게 지내다 1555년, 76세로 생을 마감했다. 그녀가 숨을 거두는 순간까지 외쳤던 이름은 남편 펠리페였다. 스물다섯 살에 여왕 자리를 물려받았지만 그 지위도 마다하고 오로지 남편에게 사랑받는 여인이길 원했던 후아나. 권력만 탐낸 아버지에게, 남편에게, 아들에게까지 버림받은 비운의 여인. 그런 인생이라면 여왕이 아닌 차라리 평범한 여인이었어야 했다.

어머니를 그렇게 만든 비정한 아들은 1516년 봄 카를로스 1세가 되어 스페인 왕권을 거머쥐었고, 3년 후엔 친할아버지 막시밀리안 1세의 죽음으로 신성로마제국의 황제 카를 5세가 되었다. 이 아들이 바로 알람브라에 카를 5세 궁전을 세운 장본인이다. 그리고 그의 아들이 바로 수도를 마드리드로 옮긴 무적함대의 제왕 펠리페 2세다.

어머니까지 내치면서 권력을 거머쥐었던 아들은 말년에 통풍에 시달리다 어머니가 죽은 지 3년 후인 1558년 세상을 떠났다. 후아나가 정말 미쳤던 건지, 권력 암투의 희생양이었던 건지는 오로지 그녀만 알 일이다. 파란만장한 인생의 후아나는 죽는 날까지 사랑했던 남편 펠리페 1세와 함께 어

머니 이사벨 1세, 아버지 페르난도 2세 옆에 영원히 잠들어 있다. 그들이
나란히 누운 곳은 그라나다 대성당 옆에 붙어 있는 왕실 예배당이다.

두 얼굴의 사나이
콜럼버스

이사벨 1세는 콜럼버스 후원자로도 유명하다. 1492년 그라나다
탈환으로 통합왕국을 이룬 이사벨 1세는 경제에 눈을 돌렸다. 자신들이 전
쟁으로 국고를 축내고 있을 때 이웃나라 포르투갈은 연이은 항로 개척으로
짭짤한 수익을 올리던 참이다. 그즈음 때마침 등장한 게 콜럼버스다.

콜럼버스는 이탈리아 항구도시 제노바 출신이다. 스물다섯 무렵 포르투
갈로 건너간 콜럼버스는 지중해를 오가는 뱃사람으로 항해술을 익혔고 뭍
에서는 해도海圖 제작자로 일했다. 그곳에서 부유한 선장 딸과 결혼해 나름
풍족한 삶을 누렸지만 그 아내는 몇 년 만에 죽고 만다.

새롭게 살 길을 마련해야 했던 그의 눈에 아른거린 건 후추였다. 당시 후
추는 유럽 경제를 좌지우지하는 귀한 향신료였다. 그도 그럴 것이 당시 유
럽 사람들의 주된 먹거리는 소금에 절인 고기와 말린 생선이었고, 아무리
절이고 말려도 솔솔 풍기는 노린내와 비린내를 날려버리는 데는 후추가 최
고였다. 유럽인의 식탁 필수품이었으나 공급은 적으니 부르는 게 값이었기
에 '후추를 얻는 자, 세계를 얻는다'는 설까지 나돌았다.

당시 그 소중한 후추의 공급지는 인도였다. 오늘날은 '석유 전쟁'이라지

만 그 옛날, 종교를 빌미로 한 십자군 전쟁의 이면에는 '후추'가 끼어 있었다. 가톨릭 최후의 보루였던 비잔틴 제국이 무너지면서 안 그래도 비싼 후추는 더더욱 귀하신 알갱이가 되었다. 콜럼버스는 그런 후추를 이슬람을 거치는 육로가 아닌 바닷길을 찾아 인도와 직거래하고자 했다. 오래전부터 흘러나온 '지구는 둥글다'는 학설을 믿었던 그는 지리학 서적을 탐구한 끝에 대서양을 가로질러 인도에 갈 수 있을 거라 확신했다.

하지만 포르투갈 왕은 콜럼버스의 계획을 터무니없다 여겨 그의 후원 요청을 단번에 거절했다. 하는 수 없이 스페인을 찾아갔지만 당시 이슬람과의 전쟁으로 정신없던 스페인 역시 거절. 영국, 프랑스도 가봤지만 모두 퇴짜. 그래도 결코 포기하지 않는 자에게 길이 트이는 법이런가. 8년 동안 번번이 거절만 당하던 콜럼버스는 결국 그라나다를 되찾은 스페인의 후원을 받아냈다. 페르난도 2세는 그를 사기꾼으로 여겼지만 배포 큰 이사벨 여왕이 후원을 약속했다.

콜럼버스는 자신이 발견한 땅에서 얻게 될 수익의 10퍼센트를 원했고, 모든 무역 거래의 8분의 1을 자신의 지분으로 할 것과 그 땅의 총독으로 임명할 것을 요구했다. 파격적인 조건이었지만 이미 포르투갈이 아프리카 희

망봉 루트를 통해 인도 항로를 개척하고 있었기에 조바심 난 여왕이 주저
없이 승낙했다. 심지어 항해에 동참할 선원들을 모으기 위해 선원이 되는
조건으로 죄인을 사면해주기까지 했다.

　그리하여 1492년 8월 3일, 콜럼버스는 세 척의 배에 100여 명의 선원을
이끌고 팔로스항을 떠났다. 순조로운 항해였지만 며칠 만에 닿을 수 있을
거라던 육지는 보이지 않았다. 그가 탐구한 전문서적이 엉터리였기 때문이
다. 대서양은 콜럼버스가 생각한 것보다 훨~씬 큰 바다였다. 선원들의 동
요를 막기 위해 콜럼버스는 이중장부를 기록했다. 실제 거리는 자신만 간
직하고 선원들에겐 항해거리를 대폭 줄인 장부를 내밀었다. 그러나 가도
가도 망망대해인 물 위에서 선원들은 동요하기 시작했다. '지구는 둥글다'
는 사실을 믿지 않은 그들은 '바다 낭떠러지'에 떨어질 거라는 공포감에 휩
싸였다. 급기야 그냥 돌아가자며 폭동까지 일어날 무렵 "육지다!"라는 외
침이 들려왔다.

　1492년 10월 12일, 두 달여 만에 바다 위에 솟은 땅덩어리에 발을 들인
콜럼버스는 이곳을 '성스러운 구세주'란 의미인 '산살바도르'라 명명했다.
왜 아니랴. 목숨을 보장할 수 없는 긴박한 상황에서 만난 육지는 곧 구세주
였으니 딱 맞는 명칭이다. 카리브해에 떠 있는 작은 섬에 불과한 이곳을 그
는 인도 변두리라 생각했다. 그로 인해 그곳 원주민들은 '인디언인도인'이 되
었고 이후 카리브해의 섬들은 인도와 아무 상관이 없음에도 서인도제도로
불렸다.

　콜럼버스 일행은 꿈에 부풀어 인근 쿠바까지 뒤졌지만 향신료는 없었다.
그래도 섬을 지배할 수십 명의 선원을 남겨두고 신기한 물건들과 화려한

깃털로 장식한 인디언 몇 명을 거느리고 이듬해 3월 의기양양하게 돌아온 콜럼버스는 영웅 대접을 받았다. 그 유명한 '콜럼버스 달걀' 일화는 그의 인생에서 가장 빛나던 순간이던 이때 생겨났다. 콜럼버스를 시기한 귀족들이 '그냥 배 타고 가기만 하면 되는 걸 가지고 뭐 그리 우쭐대느냐'는 식으로 비아냥대자 기분이 상한 콜럼부스는 달걀을 들고 와 누구든 한번 세워보라고 했다. 아무리 애써도 이리저리 굴러다니기만 하는 달걀을 콜럼버스는 끝을 톡톡 깨트려 보기 좋게 세웠다. 모르면 어렵지만 알고 나면 지극히 쉬운 이 '콜럼버스 달걀'을 두고 흔히들 발상의 전환이라고 한다. 그러나 고故 신영복 교수는 비난했다. '다른 이들은 병아리가 될 달걀을 감히 깨트릴 생각을 못한 반면 콜럼버스는 그 생명체를 가차 없이 망가트린 비정한 인간'이라고….

신영복 교수의 예리한 지적은 두 번째 항해부터 드러났다. 후추는 없지만 금이 산더미처럼 널려 있다고 뻥을 친 그는 대대적인 지원을 받아 다시금 출항했다. 그러나 일확천금을 꿈꾸는 1,000여 명의 사람들이 열일곱 척의 배를 끌고 섬에 도착하니 이전 항해 때 남겨둔 선원들이 보이지 않았다. 강간과 약탈을 일삼다 원주민들에게 몰살된 탓이다. 화를 자처한 건 그들이건만 이로 인해 수많은 원주민들이 깨진 달걀처럼 힘없이 목숨을 잃었다.

또한 금으로 가득한 땅인 줄 알고 따라온 사람들이 실상을 알고 동요하자 그것을 무마하기 위해 콜럼버스는 금 모으기에 혈안이 되었다. 금 채굴을 강요받은 원주민들이 할당량을 채우지 못하면 그는 가차없이 손발을 잘랐다. 그래도 산출량이 신통치 않자 수백 명의 원주민을 유럽으로 데려와 노예로 파는 만행을 저지르는 바람에 여왕으로부터 문책을 받았다. 세 번째 항해에서는 원주민을 너무 잔인하게 다루다 아예 족쇄를 차고 스페인으로 송환되기도 했다. 총독 직책에서 파면된 채 감금당했던 그는 마지막으로 한 번만 더 기회를 달라 간청했고, 여왕은 마지못해 보내주었다.

그의 마지막 항해엔 동참자도 거의 없었다. 2년 가까이 헤매고 다녔지만 얻은 거라곤 오로지 병뿐이었다. 게다가 1504년 그가 돌아왔을 때는 유일한 후원자였던 이사벨 여왕이 이미 세상을 떠났고 페르난도 2세는 그를 상대조차 안 했다. 쓸쓸함과 관절염에 시달리던 콜럼버스는 결국 1506년 5월 21일, 55세의 나이로 파란만장한 삶을 마감했다. 죽는 순간까지도 그는 자기가 발견한 곳이 인도라고 생각했다.

말년에 자신을 외면한 왕실에 서운했을 콜럼버스는 '죽어서도 스페인 땅을 밟고 싶지 않다'며 자신이 처음 발견한 섬에 묻어달라는 유언을 남겼다. 그 유언대로 30여 년 후 지금의 도미니카공화국 내 산토도밍고 성당으로 옮겨졌지만 1795년 프랑스가 지배하게 되면서 쿠바로 옮겨야 했다. 하지만 스페인의 지배를 받던 쿠바 또한 1898년에 독립하면서 그의 유해는 이듬해 스페인으로 쫓겨났다. 오늘날 세비야 대성당 안에 있는 콜럼버스의 관이 스페인 왕들 어깨 위에 있는 건 '죽어서도 스페인 땅을 밟고 싶지 않다'던 그의 유언 때문이다.

욕심이 지나치면 화를 부른다. 법정 스님은 '욕심은 부리는 게 아니라 버리는 거'라 했건만 후추가 널린 인도를 찾아 인생역전을 꾀하고 싶었던 그는 지나친 욕심으로 화를 자초했다. 콜럼버스의 묘비에는 '자비, 진리 그리고 정의를 사랑하는 분들은 나를 위해 눈물을 흘려주기 바란다'라는 꽤나 멋진 말이 적혀 있다. 그러나 자신을 환대했던 순수한 원주민들을 욕심 때

문에 그토록 무자비하게 죽인 그에게 누가 눈물을 흘려줄까 싶다.

콜럼버스로 인해 신대륙은 100년 동안 스페인의 독무대였다. 그 기간 동안 신대륙에서 약탈한 막대한 물자로 스페인은 황금기를 누렸지만 신대륙 원주민들은 맥없이 사라져가야 했다. 1500년 당시 수천만 명에 달했던 아메리카 원주민들은 100년 후 10분의 1로 줄어들었다. 이를 두고 일부 학자들은 '인류 역사상 최대의 인종 학살'이라 일컬었다. 느닷없이 들어온 침입자들 손에 죽은 이도 많지만 가혹한 노동을 견디지 못해 자살을 택한 원주민도 많았다. 한데 가장 큰 원인은 침입자들이 전파한 유럽형 세균이었다. 천연두나 흑사병에 아무런 면역력이 없던 원주민들은 세균 앞에서 그야말로 파리 떼처럼 죽어 나갔다. 이러저러한 이유로 화려했던 페루의 잉카문명도 멕시코의 아즈텍문명도 지구상에서 아예 사라져버렸다.

석류 알갱이처럼
곱게 빛나는 그라나다

콜럼버스 흔적은 그라나다 곳곳에도 스며 있다. '승리'라는 의미인 트리운포 광장에는 그의 얼굴이 엄청난 크기로 세워져 있고, 거기에서 시작되는 '그란비아 데 콜론' 거리 끝자락엔 이사벨 1세 여왕을 알현하는 그의 모습이 동상으로 세워져 있다. 그 인근에 있는 대성당 앞은 콜럼버스가 애타게 찾았던 향신료 가게들로 가득하다.

대성당 앞의 그란비아 데 콜론 거리는 구시가와 신시가를 가르는 대로

다. 대성당 건너편 누에바 광장이 구시가의 중심이다. 레스토랑과 카페가 몰려 있는 이곳에선 맥주 한 잔만 시켜도 스페인의 '국민안주'인 타파스를 공짜로 맛볼 수 있다. 그 옆구리인 칼데레리아 누에바 골목에는 이슬람 상점과 찻집들이 빼곡하다. 광장에선 플라멩코 춤판도 심심찮게 벌어진다. 바닥에 주저앉아 한참 동안 공연을 보고 있자니 보송보송하던 머리칼이 땀에 흠뻑 젖을 만큼 열정적인 춤을 끝낸 남자가 다가와 대뜸 "한국 살람?" 하고 묻는다. 홍대 앞에서 1년 정도 살았다는 이 남자, 낯선 곳에서 아는 체해주니 고맙고 반가운 우리보다 더 우리를 반가워한다.

누에바 광장에서 왼쪽으로 올라가면 사크로몬테 언덕과 알바이신 언덕이 나란히 이어져 있다. 구시가 관광명소로 꼽는 이 언덕들을 오르내리는 미니버스가 있지만 역시나 천천히 걸어 올라야 제맛이다.

'신성한 언덕'이란 의미인 사크로몬테는 집시들의 거주지다. 그 옛날 가톨릭으로 개종하지 않은 집시들의 피가 흩뿌려진 데서 비롯된 명칭이다. 누에바 광장을 지나 다로강을 따라 오르는 길목은 걷기 좋은 산책로다. 말은 강이지만 알람브라가 들어앉은 협곡 밑으로 흐르는 물줄기는 발목에서 찰랑대는 실개천 같은 모양새다. 실개천을 벗어나 요리조리 이어지는 길목에는 선인장 더미들이 수북하다. 선인장에 주렁주렁 매달린 열매들은 꼭 멍게 같다.

지금도 집시 후손들이 살아가는 보금자리는 앞은 평범한 집처럼 보이지만 대부분 산자락을 파고든 동굴 형태다. 그네들 삶의 흔적을 고스란히 보여주는 '집시 동굴 뮤지엄'을 둘러보니 초입은 부엌, 중간은 거실, 안쪽이 침실인 길쭉한 3단 형태다. 생각보다 아늑한 공간이다. 아울러 세잎클로버 모

양으로 파인 동굴엔 생활용품과 농기구들이 차곡차곡 걸려 있다. 아랫동네
와 사뭇 다른 집시들의 동굴 곳곳에선 밤마다 플라멩코 공연이 펼쳐진다.

반면 해 질 무렵 사람들이 가장 많이 모여드는 곳은 알바이신 언덕에 자
리한 산 니콜라스 전망대다. 붉은 노을에 물들어가는 알람브라를 온전히
굽어볼 수 있기 때문이다. 알바이신 언덕으로 오르는 길목은 아기자기하
다. 좁다가도 넓어지고 가파르다가도 잠시 숨을 고르기 좋은 골목길, 그 바
닥은 몽글몽글한 자갈길이다. 골목마다 무늬도 제각각이다. 간간이 꽃이
활짝 피어난 바닥은 선뜻 밟고 가기가 미안할 정도다.

그렇게 '길바닥 갤러리'를 찬찬히 구경하며 전망대에 오르니 이미 많은
사람들이 전망대 턱에 조르르 걸터앉아 담소를 나누거나 기타 반주에 맞춰
노래를 부르고 있다. 그 사이에 끼어 맞은편을 바라보니 그라나다 어디서
든 올려다보이던 알람브라가 같은 눈높이에 앉아 있다. 그 알람브라가 '붉

은 성'이란 이름처럼 서서히 물들어간다. 그 뒤로 무어인이 마지막 한숨을 토해냈다는 설산도 붉은빛에 휩싸인다. 아름다운 장관이다. 그라나다는 석류라는 의미다. 말 그대로 미로처럼 얽힌 골목 사이를 파고 올망졸망 들어선 집들과 그 안의 모든 사람들이 이렇듯 매일 한 차례씩 알알이 박힌 붉은 석류 알갱이가 된다.

달리가 사랑했던
작은 마을

카다케스 &
피게레스

Cadaques & Figueres.

여행 막바지에
살바도르 달리를 떠올리다

　1초, 1초… 흐르는 시간은 똑같건만 나이가 들수록 시간은 더
빨리 가는 느낌이다. 여행길도 그랬다. 마드리드에 발을 들여 중간점을 찍
기 전까진 몰랐지만 중간을 넘어 막바지에 이르니 하루하루가, 흐르는 시
간 시간이 자꾸만 빨라지는 것 같아 아쉽다. 불현듯 여기저기서 축축 늘어
져 흐늘거리는 살바도르 달리의 시계들이 떠올랐다. 제목은 몰라도 많은
이들이 어디선가 한번쯤은 보았을 그의 명작 〈기억의 영속성〉이다.
　달리도 빨리 가는 시간이 싫었던 모양이다. '시간이 날 삼키기 전에 내가
먼저 시간을 요리하겠노라'며 자신이 즐겨 먹던 카망베르 치즈처럼 흐물흐
물 녹아내리는 시계로 만들어버렸다. 그 시계들을 보노라면 '째깍째깍' 넘
어가야 할 시간들이 '째~~까~아~~다아~악~' 넘어가다가도 어느 지점에
선가는 한참을 쉬었다 갈 것만 같다. 그러나 시간을 어찌 내 맘대로 움직일
수 있으랴. 다만 그 시간에 어떻게 움직이느냐로 시간을 맛깔스럽게, 무미
건조하게 요리할 뿐이다.
　달리를 떠올린 건 여행의 마지막 여정인 피게레스와 카다케스에서 그를
빼면 단팥 없는 찐빵 맛인 때문이다. 20세기 최고의 괴짜 화가로 알려진 살

바도르 달리는 카탈루냐 동북부 소도시 피게레스 출신이다. 자칭 천재였던 그는 태어나기도 전인 어머니 배 속 세상을 생생하게 기억한다며 큰소리 빵빵 친 사람이다.

포근한 어머니 자궁 속을 '기막히게 쾌적한 낙원'이라 했던 그는 자신이 태어난 순간을 두고 이렇게도 표현했다. "보라, 살바도르 달리가 태어났도다. 모든 교회의 종들을 울릴지어다."

1904년 5월 11일, 그렇게 요란 떨며 태어난 부잣집 도련님에게 붙여진 이름은 살바도르. 3년 전, 일곱 살 나이에 죽은 형 이름이다. 애착이 컸던 맏아들을 잊지 못한 아버지는 둘째에게 그 이름을 고스란히 물려주고 형에게 했던 그대로 키웠다. 눈에 보이지도 않는 형과 비교되며 죽은 형처럼 살아야 했던 달리는 자신에게서 형의 모습을 찾으려는 아버지에 대한 반발심으로 번번이 아버지 애간장을 태웠다. 여덟 살이 넘도록 이불에 오줌을 싼 것도 모자라 온몸에 똥칠을 하고, 아들이길 거부하며 덕지덕지 화장하며 입술을 빨갛게 물들이려고 깨물어 피를 내기도 했다.

'죽은' 형이 아니라 '살아 있는' 동생이라는 걸 증명하고 싶었던 마음을 생각하면 일면 안쓰러움도 있지만 그런 행태들이 아버지 속만 긁었을까? 더더욱 속이 문드러졌을 어머니는 이내 딴 세상으로 떠나버렸다. 엄마가 떠난 그해, 열일곱 철부지 달리는 마드리드 왕립미술학교에 들어갔다. 뼛속부터 평범함을 거부한 그는 귀족풍 단발머리와 레이스가 나풀대는 블라우스 차림으로 짧은 머리에 스포티한 옷을 입은 학생들 사이에 등장해 시선을 끄는 데 성공했다.

달리는 이곳에서 훗날 스페인 국민이 열광하는 시인이 될 '페데리코 가르시아 로르카'와 알프레드 히치콕 감독이 '최고의 영화감독'이라 칭할 루이스 부뉴엘을 만나게 된다. 선수는 선수를 알아본다고, 서로의 재능을 감지한 이들은 '마드리드 삼총사'가 되어 돈독한 우정을 쌓아간다. 특히 달리와 로르카는 우정을 넘어 아슬아슬한 동성애를 나누기도 했다.

그들의 젊은 시절은 '트와일라잇 신드롬'을 일으키며 스타덤에 오른 로버트 패틴슨이 달리 역을 맡은 영화 〈리틀 애쉬: 달리가 사랑한 그림〉에 고스란히 담겨 있다. 영화 속에 등장하는 카다케스는 달리와 로르카가 우정을 넘어 묘한 관계로 발전하게 되는 곳이다. 여름방학마다 이곳에서 함께 지내던 두 사람이 달빛 내려앉은 카다케스 밤바다에서 수영하다 키스를 나누는 장면은 오묘한 아름다움을 자아낸다.

카다케스는 실제 달리네 별장이 있는 곳이다. 자신이 태어난 피게레스보다 카다케스를 더 좋아했던 달리는 이곳을 '진정한 마음의 고향'이라 여겼다. '리틀 애쉬 Little Ashes'는 그 카다케스에서 그린 달리의 그림에 '시간이 지나면 우리 모두 흔적 없이 사라질 작은 먼지에 불과하다'는 의미에서 로르카가 붙여준 제목이다. 그 의미처럼 스페인 최고의 민중 시인으로 급부상한 로르카는 1936년, 스페인 내전 발발 직후 어처구니없는 희생양이 되어 자신의 고향, 그라나다에서 처형당했다. 스페인 내전 후 프랑코가 금지한 종교 비판 영화를 만든 괘씸죄로 멕시코로 쫓겨났던 부뉴엘 또한 지금은 먼지처럼 사라졌다. 리틀 애쉬의 주인공 달리 또한 지금 이 세상에 없다.

전 세계가 주목한
별난 예술가 커플

상식을 초월한 달리는 사랑도 달리답게 했다. 〈리틀 애쉬〉에서 살짝 등장했던 한 여인이 그 사랑의 주인공이다. 그녀의 이름은 갈라. 달리보다 열 살 많은 연상의 여인이다. 두 사람이 처음 만난 곳도 카다케스다. 달리 나이 스물다섯 때. 당시 그녀는 다른 남자의 아내였다. 그녀의 남편은 폴 엘뤼아르. 달리가 파리로 건너갔을 때 친분을 쌓은, 프랑스의 유명 시인이다.

러시아 출신인 갈라는 현모양처 타입은 아니다. 순정파 남편과 어린 딸을 두고 다른 남자와 버젓이 부적절한 관계를 맺었다. 그것도 남편의 호의로 자신들의 집에 머물던 남편의 절친, 독일 출신 화가 막스 에른스트와 말이다. 아내가 다른 이도 아닌 친구와 사랑에 빠졌다? 웬만한 남자라면 눈 뒤집어질 일이련만 순둥이 남편은 그저 술로 괴로움을 달래며 아내가 돌아오기만을 기다렸다.

결국 사랑이 식은 갈라가 돌아오긴 했다. 그러나 일찌감치 남편에 대한 애정이 식어버린 갈라에겐 하루하루가 따분한 나날이다. 그러던 참에 달리를 만난 것이다. 1929년 여름, 달리네 별장이 있는 카다케스로 간 게 화근이다. 자신의 별장으로 놀러온 갈라에게 홀딱 빠진 달리는 그 순간 운명임을 직감했다. 달리가 어떤 인간인가. 무미건조한 그들의 휴가에 끼어든 달리는 온갖 별난 짓을 다 해가며 갈라에게 집요하게 들이댔다. 그런 젊은 남자에게 연상의 여인은 못 이기는 척 넘어갔다.

두 사람이 다시 만난 건 몇 달 뒤, 파리에서다. 도무지 종잡을 수 없는 두 사람은 달리의 파리 첫 개인전을 코앞에 두고 잠적해 사랑의 도피 행각을 벌였다. 주인 없는 전시회 속에 당사자는 남의 여인과 호텔 방에 틀어박혀 두 달간 단 한 번도 코빼기를 내밀지 않았다. 그렇듯 '셀프 감금' 속에서 사랑을 불태운 달리는 감옥 같은 그 호텔 방을 두고 어머니 자궁 속 같은 낙원이라 했다. 그들만의 행복한 감옥에서 나온 두 사람은 아예 동거생활에 들어갔다. 엘뤼아르의 귀가 애원에도 갈라는 냉정하게 외면했다. 남편은 그렇다 치고 딸까지 나 몰라라 한 매몰찬 여인이다.

기다림에 지친 엘뤼아르는 결국 둘의 행복을 빌어주며 떠났지만 달리 아버지가 들고 일어났다. 친구 아내를 뺏은 파렴치한 놈은 내 자식 아니라며 절연 편지를 보내자 달리는 빡빡 깎은 자신의 머리카락을 부자지간의 연을

끊자는 아버지 편지와 함께 카다케스 해변에 묻어버린다. 그렇게 혈연을
묻고 사랑을 택한 달리는 서른 되던 해에 갈라와 결혼했다. 그들을 손가락
질하던 사람들은 두 사람이 그리 오래가진 못할 거라 했지만 세상 손가락
질에 눈 감고 귀 막은 그들의 사랑은 오로지 죽음만이 갈라놓았다.

　결혼 후 갈라에 대한 달리의 집착은 거의 병적 수준이었다. 애처가를 넘
어 공처가, 공처가를 넘어 여신을 모시는 광신도다. 달리에게 그녀가 없는
삶은 죽음의 세계지만 그녀의 삶은 달리 없이도 살 수 있는 세상이다. 그런
갈라가 달리를 선택한 건 이 남자의 재능을 간파한 때문이다. 갈라는 돈을
사랑하는 여인이었다. 그 재능이 돈이 되기까지 그리 오랜 시간이 걸리진
않았다.

　지금껏 부자 아버지 돈을 펑펑 쓰며 살던 달리는 아버지의 절연으로 한

동안 가난을 겪긴 했다. 하지만 두 사람 모두 '폼생폼사' 스타일이었기에 돈에 쪼들린 건 둘만의 비밀이었다. 먹을 게 없어도 점심때면 집에 들어가 꿋꿋하게 앉아 있다 식사를 마친 사람들이 거리로 쏟아져 나올 즈음 점심 잘 먹은 사람처럼 이쑤시개 물고 나왔고, 며칠 굶을지언정 식당에선 고급진 것만 먹고 팁까지 넉넉히 뿌리며 옹색함을 감춘 깜직한 '배우 커플'이다. 돈에 굶주렸던 그들이 갈수록 돈에 집착한 이유다.

가우디 건축의 원천이 자연이라면, 달리의 작품은 갈라가 원천이다. 달리의 그림 대부분엔 갈라가 담겨 있다. 성모마리아도 갈라요, 광주리에 담긴 빵도 갈라다. 왜 아니랴. 불안한 내면세계에서 자신을 구원해준 유일한 여신 아니던가. 달리는 몸에 있는 점을 벌레로 생각해 칼로 박박 긁어 피투성이로 만들고, 자신의 몸에 악귀가 붙었다며 퇴마사를 부르고, 거리에선 차들이 달려들까 횡단보도도 못 건너던 사람이다. 그런 달리가 갈라를 만나 안정을 찾았다.

달리를 노련하게 통제한 갈라는 남편이 오로지 작업에만 몰두할 수 있게 한 특급 매니저였다. 때론 주문받은 그림을 다 그릴 때까지 밖으로 나오지 못하도록 작업실 문을 잠그기까지 했단다. 그렇게 완성된 그림들은 돈이 되어 차곡차곡 쌓였다. 살아생전 그는 최고의 그림 값을 받았고 달리 작품 중 최고가는 공교롭게도 갈라의 전 남편 폴 엘뤼아르의 얼굴이다(이 초상화는 2011년 런던 경매에서 244억 원에 낙찰됐다).

제2차 세계대전이 유럽 전역으로 확산되자 달리 부부는 전쟁을 피해 뉴욕으로 훌라당 건너갔다. 엘뤼아르가 전선에 뛰어들어 나치 독일에 맞서 치열하게 싸울 때 말이다. 그곳에서 달리는 화가를 넘어 영화, 무대 장식,

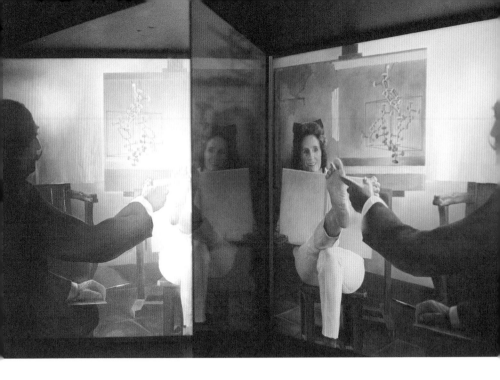

가구 제작, 광고 디자인, 심지어 백화점 디스플레이까지 맡아 돈을 긁어모
았다. 당시 할리우드 섹시 스타였던 메이 웨스트의 입술을 본떠 만든 소파
는 없어서 못 팔 정도였고 츄파춥스 막대사탕 껍질도 달리 작품이다. 프랑
스 시인 앙드레 브르통은 그런 달리 부부를 싸잡아 "돈에 환장한 인간들"
이라 조롱했고, 조지 오웰은 약삭빠른 쥐새끼라 비꼬았지만 그런 거에 눈
하나 깜박할 사람들이 아니다.

　달리는 튀는 외모에 특유의 할리우드 액션으로 단숨에 뉴욕 스타로 떠올
랐다. 배배 꼬아 눈가에 갖다 붙인 콧수염은 달리의 트레이드 마크다. 한번
보면 기억에 콕 박히는 얼굴이다. 심지어 편지에 수염을 그리고 스페인만
적어도 척척 배달됐다는 말이 나올 정도다. 그런 코믹 스타는 뭘 해도 환호
성을 받았다. 물샐 틈 없는 잠수복 차림으로 강연하다 진짜로 숨 막혀 죽을
뻔한 달리의 손짓에 스태프들이 잠수복 벗기느라 난리치자 그 웃픈 상황
또한 달리의 퍼포먼스라 생각해 청중들이 박수갈채를 보냈다니 말이다.

　찰떡궁합 부부의 합작품으로 돈 잘 번 덕에 돈을 펑펑 쓰며 살던 그들의 결혼생활은 행복했을까? 어느 부부인들 참모습은 그들만이 알 뿐이다. 달리 부부 역시 그들이 행복했는지 아닌지는 그들만이 알 것이다. 하지만… 그 결혼생활에서 갈라는 마음은 달리, 몸은 다른 남자에게 준 아내다. 달리 옆에서 늙어가는 갈라는 나이가 들수록 미소년들과의 성관계에 병적으로 집착했다. 달리는 성에 관한 한 미숙아였다. 그에게 숫총각 딱지를 떼어준 여인도 갈라지만 두 사람이 진정으로 사랑을 나눈 건 단 한 번뿐이다. 어린 시절 우연히 성병 관련 책을 접한 후 섹스 공포증을 갖게 된 달리는 오히려 아내의 외도를 부추기며 대리만족을 느꼈다니 암튼 독특한 사람들이다.

　달리는 수염만 걷어내면 잘 생긴 얼굴이지만 갈라는 솔직히 미인형은 아니다. 귀염성도 전혀 없다. 게다가 다소 쌀쌀맞아 보이는 얼굴이다. 하지만 카리스마 넘치는 묘한 매력은 있다. 그런 갈라가 먼지처럼 사라졌다. 세상 부러울 것 없이 살던 그녀가 1982년, 달리를 남겨두고 89세 나이로 이 세상

을 떠났다. 그녀 없는 세상에선 코믹한 모습으로 창작열을 불태우던 달리
도 사라졌다. 생전에 갈라에게 선물한 곳이자 사후에 아내를 묻은 곳이 된
푸볼 성에 칩거하며 찔끔찔끔 작업하던 달리는 침실 화재로 인한 화상과
폐렴, 심장병 등이 겹쳐 말년엔 식물인간처럼 살다 1989년 1월 23일 갈라
뒤를 따라갔다.

'달리스러운' 그곳,
달리네 해변 별장

　　바르셀로나에서는 달리가 태어난 피게레스가 더 가깝지만 카다
케스로 먼저 간 건 달리가 '세상에서 가장 아름답고 사랑스러운 곳'이라 했
던 이곳이 더 궁금했기 때문이다. 달리와 로르카가 달빛 수영을 하고, 달리
와 갈라가 처음으로 마주쳤다는 카다케스 해변을 보고 싶었다. '사랑이란
화살을 쏘는 게 아니라 화살에 맞는 것'이라던 달리의 말처럼 그는 이곳에
서 엄청난 갈라의 화살을 맞았다.
　　바르셀로나에서 카다케스까지는 버스로 두 시간 30분쯤 걸렸다. 마지막
10킬로미터가량은 구불구불한 절벽 산길을 아슬아슬 달리는 버스 안에서
간간이 바다가 엿보였다. 그렇게 도착한 카다케스는 스페인 여행 중 가장
편안했던 마을이다. 하얀 벽면에 파란 창문을 단 해변의 집들은 또 다른 산
토리니 풍경이다. 여름엔 미리 예약하지 않으면 묵기 힘든 곳이라지만 성
수기를 넘긴 해변 마을은 너무나 조용하고 한산했다. 덕분에 바다가 보이

는 예쁜 숙소를 착한 가격에 잡을 수 있었다.

짐을 대충 풀어놓고 마을을 둘러봤다. 해변을 살짝 벗어난 골목 안쪽엔
카다케스 미술관도 있다. 아담한 공간에선 마침 달리 사진전이 열리고 있
었다. 시대별로 나열한 사진만 봐도 생전의 달리가 어떻게 살았는지 가늠
하기 충분했다. 나체로 그림 그리는 달리, 붓 대신 큼지막한 문어로 그림 그
리는 달리, 위로 돌돌 말아 올린 특유의 콧수염에 놀란 토끼처럼 동그랗게
뜬 눈으로 익살스러운 표정을 지어 보이는 달리 모습에 걸음을 옮길 때마
다 웃음이 맴돌았다. 그 안엔 달리와 갈라의 행복했던 모습도 걸려 있다. 그
러다 1985년 병석에 누운 모습에선 일면 연민이 들기도 했다. 그렇게 쌩쌩

했던 달리도 거기에선 그저 늙고 나약한 80대 노인일 뿐이다.

　카다케스는 아침 풍경이 싱그럽다. 햇빛에 반사된 물결은 마치 물 위에 뿌려놓은 다이아몬드처럼 반짝인다. 해변 카페에서 모닝커피를 홀짝이며 바다를 바라보니 달리도 부럽지 않다. 그렇게 느긋한 시간을 보낸 후 카다케스 명소인 '달리네 별장'을 찾아 나섰다. 해변을 따라가는 길 곳곳엔 달리의 그림이 세워져 있다. 집 구경은 시간을 맞춘 사전 예약제다. 모르고 무작정 갔더라면 낭패였으련만 고맙게도 친절한 숙소 주인이 예약해준 덕에 속 편하게 갈 수 있었다. 군데군데 독특한 형태를 보여주는 바닷가길 끝에 오니 지붕 위에 달걀을 얹은 집이 눈에 들어왔다. 일명 '달걀의 집'이라 불리는 달리 별장이다. 예약 시간에 맞춰 가이드와 함께 들어갔다.

　달리가 사람들한테 받은 선물로 가득 채워진 거실을 지나니 달리가 작업

실로 사용했다는 방이 이어진다. 가이드 말에 따르면 달리는 이곳에서 하루 아홉 시간씩 그림을 그렸단다.

이어지는 침실은 빨간색 일색인 궁전 같은 분위기다. 반달형 소파가 양쪽에 놓인 둥근 옷방도 독특하다. 몇 계단 오를 때마다 색다른 느낌의 방들이 속속 등장하는 별장은 정말이지 달리 집답다.

올리브 나무 사이로 바다가 언뜻언뜻 보이는 정원에도 기이한 설치물들이 가득하다. 그 정원을 지나면 클로버 모양의 수영장 앞에 육감적인 여배우의 입술 소파도 놓여 있다. 달리와 갈라는 이곳에서 물놀이하고, 지글지글 바비큐도 즐기고, 와인을 마셔가며 흥겨운 음악에 춤도 추었을라나? 명필이 붓 안 가린다고들 하지만 이런 마을과 이런 별장에서 지내다 보면 오만 가지 아이디어가 절로 날 것도 같다. 조금은 알 것 같다. 달리가 왜 이곳을 좋아했는지….

인정! 살바도르 달리여~
당신은 괴짜 천재 맞소이다!

카다케스에서 피게레스는 약 35킬로미터 떨어져 있지만 여러 마을을 거쳐 오는 완행버스라 한 시간이 조금 넘게 걸렸다. 달리가 태어나고 눈을 감은 피게레스엔 달리의 흔적이 곳곳에 담겨 있다. 그중에서도 달리 극장 미술관엔 그의 독특한 작품들, 아니 달리의 독특한 정신세계가 고스란히 널려 있다.

스페인 내전 때 파괴된 극장을 복원해 1974년 개관한 이 불그스름한 건물 꼭대기에도 큼직한 달걀들이 줄줄이 올라앉아 있다. 달리에게 달걀은 곧 어머니의 자궁이다. 태어나기 전의 낙원이었던 어머니 자궁을 평생 그리워한 달리는 자신의 그림에도 수많은 달걀을 담아냈다.

외형은 물론 그 안에 채워진 달리의 작품들도 하나같이 별나다. 가까이 다가가면 갈라의 누드요, 뒤로 물러나면 링컨 얼굴이 되는 그림, 같은 그림도 크기에 따라 분위기가 달라지는 그림, 흐물흐물 엽기적인 자화상, 숟가락은 눈이 되고 뼈다귀는 코가 되고 두 개의 닭다리는 근사한 입술이 된 작품도 기발하지만 금발머리 커튼 뒤에 놓인 빨간 입술 소파와 벽난로, 그림 두 점이 모여 섹시 여배우 메이 웨스트 얼굴을 만들어놓은 공간에선 어떻게 저런 생각을 했는지 그저 '달리스럽다'는 생각만 들 뿐이다. 그 달리가 이곳에 묻혀 있다는 걸 암시하듯 해골을 옆에 놓은 달리의 침대도 눈길을 끈다.

"나는 천재다!" "나는 세상의 배꼽이다!" "내가 피카소보다 천 배 낫다!" 했던 이 오만한 예술가는 서른일곱 살에 자서전을 펴냈다.

'사람들은 보통 일생을 다 산 말년에 회고록을 쓴다. 모든 사람들과 반대로 가는 나는 회고록을 먼저 쓰고 그 다음에 그 내용을 사는 것이 더 지적인 것으로 보였다. 그것을 위해서는 인생의 반을 청산할 줄 알아야 한다.'

달리의 '지적인 것'은 뭐였을까. 어쨌든 여든다섯에 생을 마감한 그의 인생을 놓고 보면 반도 안 되는 인생을 담은 반쪽짜리 자서전은 재미있다. 읽다 보면 미친놈, 기발한 놈. 이상한 놈, 웃기는 놈 소리가 절로 나온다. 여섯 살 때는 요리사, 일곱 살 때는 나폴레옹이 되고 싶었다던 달리는 인생의 반

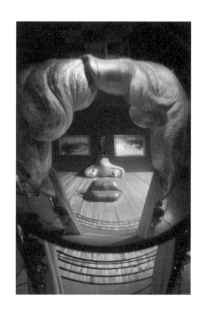

을 청산하면서 "나는 아침에 눈뜰 때마다 내가 살바도르 달리라는 사실에 극도의 희열감을 느낀다"고 했다.

　못 말리는 꼴통 짓을 밥 먹듯 하고 남들이야 뭐라든 자기 멋대로 살았던 달리가 예술가였기에 망정이지, 정치가로 나섰다면? 사람 잡는 달리가 되었을까, 아님 유쾌·상쾌·통쾌한 세상을 만들어냈을까. 어쨌든 괴짜 예술가 달리여~ 바다 건너 먼 나라 사람인 나까지도 당신의 유명한 그 이름을 너무나도 잘 알게 했으니 인정! 당신 말대로 달리, 당신은 나 같은 사람에 비하면 확실한 천재 맞소이다. 그런 달리가 고안한 '걷기 편한 용수철 구두' 신고 다니면 나의 여행길도 어디서든 통통 튈라나?

에필로그

열정의 나라에서 배운 휴식 같은 삶

반년이 넘도록 날마다, 온종일 스페인 원고와 씨름하다 보니 아침에 눈뜰 때마다 뭔가 한 가지씩 써야 할 문구가 떠오르곤 했다. 자면서도 스페인과 씨름했던 모양이다. 그렇게 내내 스페인을 머릿속에 담고 살다 보니 한겨울에도 뜨겁기 그지없던 스페인의 여름 태양이 떠올랐다.

여행이 끝난 후, 1년이 다 되어가는 지금, 기억에 남는 건 가우디의 건축물도, 우아한 귀부인이라는 세고비아 대성당도, 론다의 그 웅장한 절벽도, 톨레도의 미로도, 돈키호테의 풍차도, 내가 좋아했던 카다케스 해변도 아니었다. 시간이 지날수록 새록새록 더욱 진하게 떠오른 건 스페인 사람들의 일상이었다.

'로마에 가면 로마법을 따르라'는 말이 있다.

그렇게 따지면 스페인 여행자는 기본적으로 두 가지를 따라야 한다. 하나는 씨에스타요, 다른 하나는 식사 시간이다. 씨에스타는 곧 낮잠 시간이다. 한낮의 뜨거운 태양을 피하는, 스페인의 오랜 풍습이다. 오후 2시 즈음 씨에스타 타임이 되면 스페인 사람들은 직장에서 일하다가도, 장사를 하다가도 문을 닫고 저마다의 집으로 들어가는 바람에 거리는 한산했다. 물론 관광객이 많이 몰리는 곳은 덜하지만 아무래도 그들의 낮잠 시간에 돌아다니는 이들은 대부분 관광객이다. 시골 지방인 로그로뇨 포도 수확 축제 때도 거리를 가득 메웠던 동네 사람들이 어느 순간

사라지고 텅 빈 거리에 우리 부부를 비롯해 관광객 몇몇만 남아 조금은 황당했던 기억이 난다. 로그로뇨 사람들이 '달콤한 휴식' 끝에 다시 나타난 건 오후 5시가 훨씬 넘어서다.

아닌 게 아니라 겨울엔 어떤지 몰라도 스페인의 여름 태양은 너무나 강렬해 골목마다 차양막이 드리워져 있고 노천카페마다 자동분무기로 물을 뿜어대는 모습이 독특했다. 나도 처음엔 그들의 낮잠 시간에 돌아다니다 더위 먹어 지친 적이 한두 번이 아니다. 그래서 스타일을 바꿨다. 어느 한 날, 점심 직후 그들처럼 뜨거운 열기를 피해 숙소로 들어왔다. 타국에서 여행하다 중간에 들어와 잠자고 다시 나가 밤늦도록 돌아다닌 건 스페인이 처음이다. 하나라도 더 보려면 금쪽같은 시간이 아깝기도 했지만 그 아까운 마음이 쏙 들어갈 만큼 씨에스타는 매력적이었기에 그날부터 쭈~욱 씨에스타를 챙겼다.

스페인 여행 중 황당했던 또 하나는 그들의 식사 시간이었다. 스페인 사람들은 기본적으로 하루에 다섯 끼를 먹는다. 그러다 보니 챙겨 먹는 시간이 우리와는 좀, 아니 많이 다르다. 그들은 출근길에 동네 카페에서 빵과 커피로 간단한 아침 식사를 한다. 이 정도는 뭐, 우리와 비슷하지 싶다. 근데 점심 전에 또 간식을 먹는다. 제대로 된 점심을 먹으려면 오후 2시는 넘어야 하고 저녁도 빨라야 밤 9시요, 10시는 돼야 저녁 메뉴를 내놓는 식당이 허다하다. 그런고로 저녁 전에도 간식 타임을 갖는다. 물론 관광객이 많은 곳은 다소 예외지만 산티아고 길을 걸을 때 9시가 넘어도 식당 문을 열지 않아 저녁 먹기 위해 이리저리 헤매고 다닌 기억도 생생하다.

그들의 하루 식사 중 가장 중요한 건 점심이다. 전채 요리부터 와인을 곁들인 메인 요리, 디저트까지 꼼꼼하게 챙겨 먹는 거한 점심은 식당에서든 집에서든 두 시간 가까운 긴 시간이 할애된다. 먹을 게 없던 달리 부부가 이 시간에 집에 들어갔다 시간 맞춰 나온 이유다. 아무리 바빠도 끼니를 때우기 위한 식사를 하지 않는 게 철칙인 스페인에 비해 우리는 어떤가. 20~30분 만에 후다닥 점심 먹고 황급히 커피 한 잔 마시고 사무실로 들어가는 직장인들, 제때 밥도 못 챙겨 먹는 우리의 상인들을 생각하면 정말이지 '딴 세상'이다. 나 역시도 이 원고에 매달려 있을 때 묘한 강박관념에 아침은 거르고 점심은 대충 때우면서 그야말로 '뭣이 중한디~'를 되뇌곤 했다.

하루 다섯 끼를 먹고 낮잠까지 자는 스페인 사람들…. 누군가는 게을러빠진 사람들이라 할지언정 '쉼'이 일상이 된 그들의 삶이, 그 여유가 일면 부럽다. 나는 일이 생기면 되도록 빨리빨리 해치우는 스타일이다. 마침표 똑똑 찍어가며 살아오던 내게 이젠 간간이 숨통을 열어주는 쉼표도 좀 찍어주기로 했다. (그 옛날의 열정이 그리워 다시 찾아갔는데, 돌아올 때에는 그들의 여유를 조금 들고 왔다.) 그래서 지금… 오후 간식으로 향긋한 커피 한 잔과 샌드위치 한 쪽을 놓고 나에게 '달콤한 휴식'을 선사하는 중이다.